日本新建築 SHINKENCHIKU JAPAN 中文版 34
（日语版第 92 卷 14 号，2017 年 11 月号）

建筑的木之美

日本株式会社新建筑社编　肖辉等译

主办单位：大连理工大学出版社
主　　编：范　悦（中）　四方裕（日）

编委会成员：
（按姓氏笔画排序）
中方编委：王　昀　吴耀东　陆　伟
茅晓东　钱　强　黄居正
魏立志
国际编委：吉田贤次（日）

出 版 人：金英伟
统　　筹：苗慧珠
责任编辑：邱　丰
封面设计：洪　烘
责任校对：寇思雨

印　　刷：深圳市福威智印刷有限公司
出版发行：大连理工大学出版社
地　　址：辽宁省大连市高新技术产业园区软件园路 80 号
邮　　编：116023
编辑部电话：86-411-84709075
编辑部传真：86-411-84709035
发行部电话：86-411-84708842
发行部传真：86-411-84701466
邮购部电话：86-411-84708943
网　　址：dutp.dlut.edu.cn

定　　价：人民币 98.00 元

CONTENTS

日本新建筑
中文版 34
目录

EPFL ArtLab

设计　隈研吾建筑都市设计事务所

施工　Marti Construction SA

所在地　瑞士洛桑

EPFL ARTLAB

architects: KENGO KUMA AND ASSOCIATES

东北方向全景。瑞士联邦理工学院洛桑校区（EPFL）位于莱芒湖畔，校园内新建了一栋建筑。该建筑的细长房顶全长270m，含有三个主题空间，即以艺术科学为主题的展览空间、以科技信息为主题的数据空间和以爵士乐为主题的咖啡馆

设计：建筑：隈研吾建筑都市设计事务所
现场合作设计：CCHE
结构：Ingphi SA
设备：MEP/building services
施工：Marti Construction SA
用地面积：13 500 m^2
建筑面积：2315 m^2
使用面积：3500 m^2
层数：地下1层、地上2层
结构：混合结构（集成材料+铁板）
工期：2014年10月—2016年8月
摄影：Michel Denance（特别标注除外）
（项目说明详见第148页）

门廊方向东侧视角。云杉和白冷杉制成的集成材料与带孔铁板形成复合结构框架。复合结构框架与跨度大小无关，由于剖面尺寸已经固定为120 mm × 660 mm，所以集成材料的树种比例、集成材料与铁板厚度比例需要配合结构所需发生变化。屋檐内侧装饰材料是落叶松

西南视角。屋顶材料是石板瓦，在瑞士房屋中经常使用。外部材料（建筑物左下方部分）采用的是在瑞士房屋中普遍使用的落叶松，事前将落叶松进行风化加工。屋顶和墙壁都采用了当地通用的材料，给人一种亲切的感觉

北侧外观。通往“数据空间”的入口

北侧视角。屋顶随着地基的倾斜蜿蜒起伏。57个复合结构框架的跨距完全不同，但剖面的宽度固定为120 mm。延长一部分复合结构框架的带孔铁板，遮蔽雨水管

木材形成的带有韵律感的建筑

正因为是建筑工业大学的校园，才格外需要木质建筑。特别是该院校在生物技术相关领域教育水平很高，因此，这种木材建造的像“家”一般的建筑就非常切合该领域。在美丽的绿坡上俯瞰莱芒湖，如同当地的“木之家”一样。木质屋顶装有石板瓦，寓意在它的庇护下，学生和教师可以相聚一堂。

木质建筑中，韵律感是尤为重要的一点。在建造混凝土建筑时，虽然并没有考虑韵律感，但在建筑落成时多少都会形成某种韵律。然而木质建筑则是从木材的长短、宽窄开始进行设计的。木材的长短和宽窄决定空间的韵律感，只有韵律感定下之后才可以自由地添加各种旋律和音色，也就是所谓的“即兴演奏”。因此，木质建筑与钢琴有几分相似。由于音的持续时间是有限的，必然会形成一定的节奏。日本的木质建筑格外注重韵律感。该建筑的一大主题——蒙特勒爵士咖啡馆是作为大学教育研究的一部分而存在的。其成果可以看作分割法的变形，这也是日本传统的木质建筑所缺乏的。

根据校园内的轴线将建筑分为三部分，中间留出两块巨大空隙，并重新设计了校园内的风向和人流动线。木质建筑本身就会给人某种韵律感，我们虽然拆毁了“古典乐章”并失去了其听众，但是这首崭新的长达270 m的“爵士乐曲”却可以令人愉快地舞动起来。

（隈研吾）

（翻译：李佳泽）

左：从数据空间北侧的悬臂越过屋顶眺望整个校园/上：西侧立面/下：南侧外观。在瑞士，每年都会举行爵士音乐节。蒙特勒爵士咖啡馆和数据空间里面藏有与爵士音乐节相关的档案和文件。以上三张图片提供：Valentin Jeck

西北方向俯瞰图。远处为日内瓦湖，左侧为“Rolex Learning Center”（劳力士学习中心，设计：妹岛和世+西泽立卫/ SANAA Architects SA）。ArtLab有两处东西方向的门廊，也有南北方向延伸的空间，由此可以了解校园整体的人流情况。该建筑的宽度为北侧（照片左边）约5 m，南侧（照片右边）约15 m，考虑不遮挡已有建筑而进行建造。图片提供：Adrien Barakat

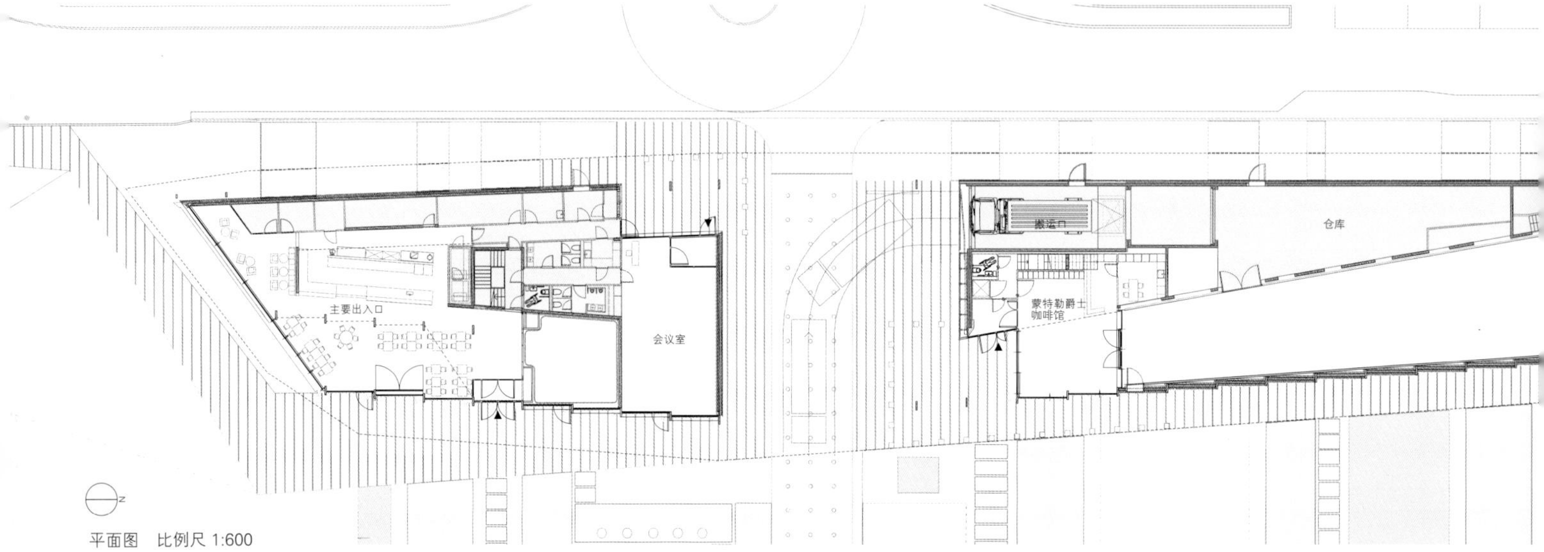

平面图　比例尺 1:600

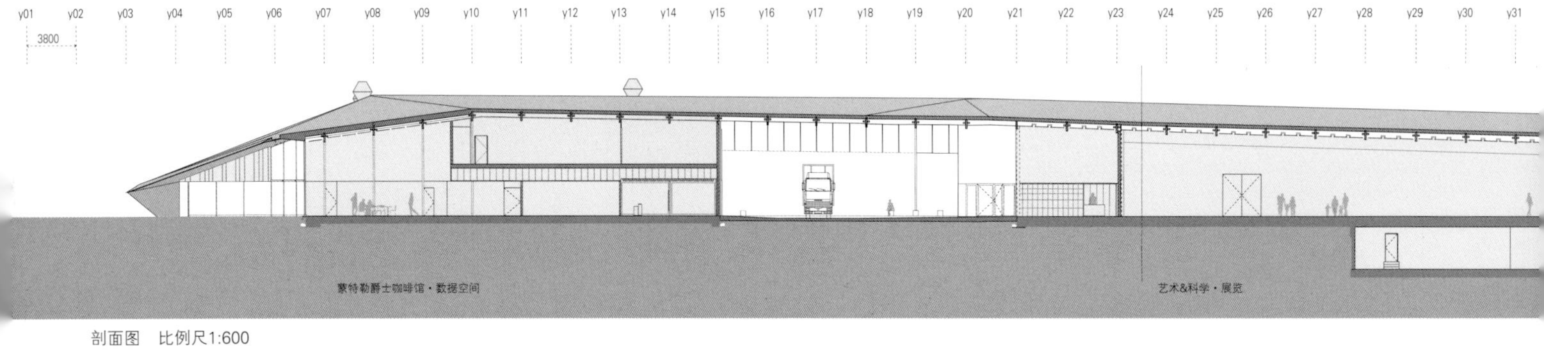

剖面图　比例尺1:600

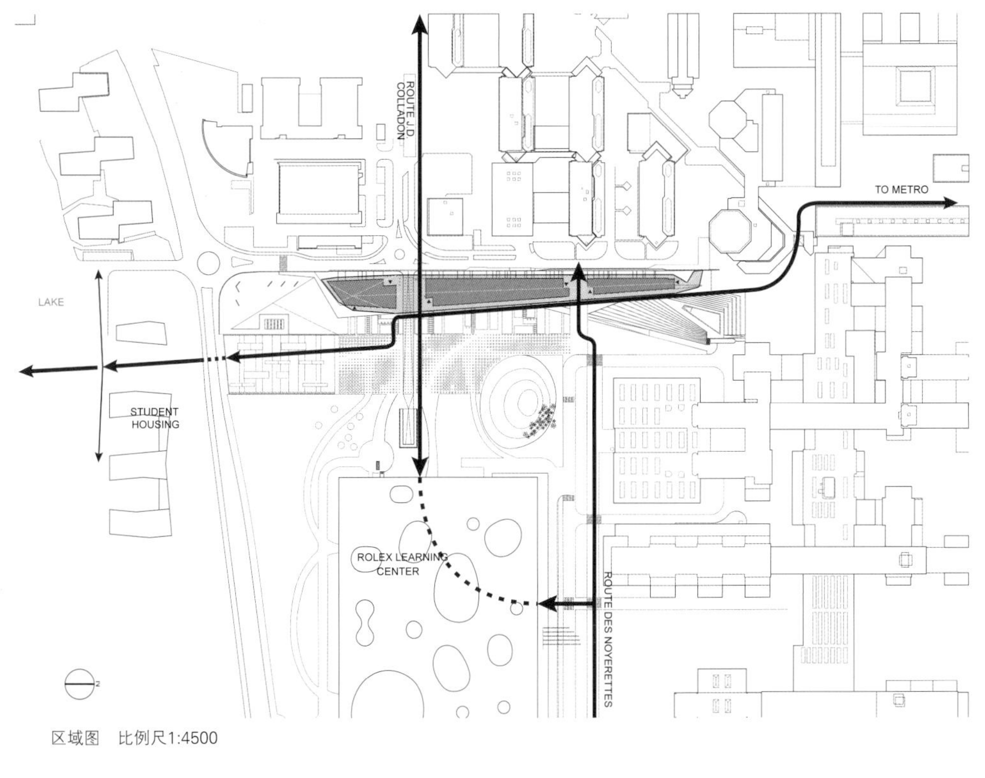

ROUTE J.D. COLLADON
TO METRO
LAKE
STUDENT HOUSING
ROLEX LEARNING CENTER
ROUTE DES NOYERETTES
区域图　比例尺1:4500

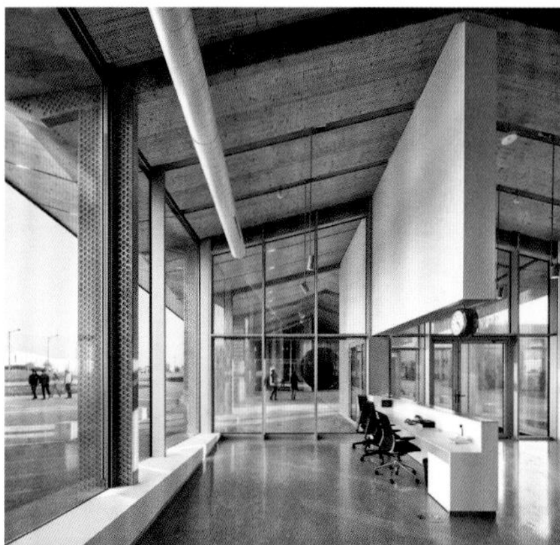

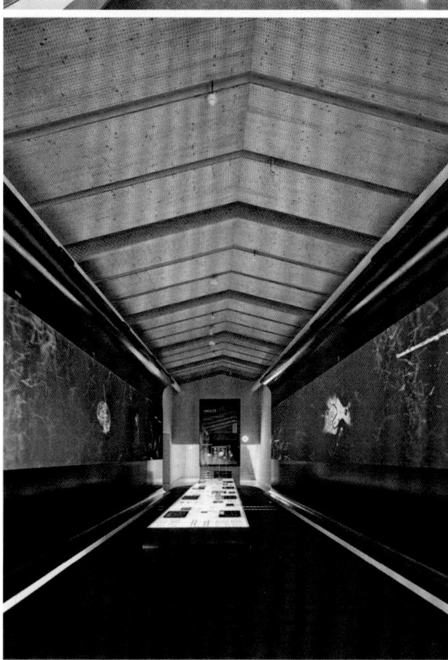

上：从数据空间看向北侧门廊/下：数据空间的内观。EPFL的学生进行调查和作品展示的地方

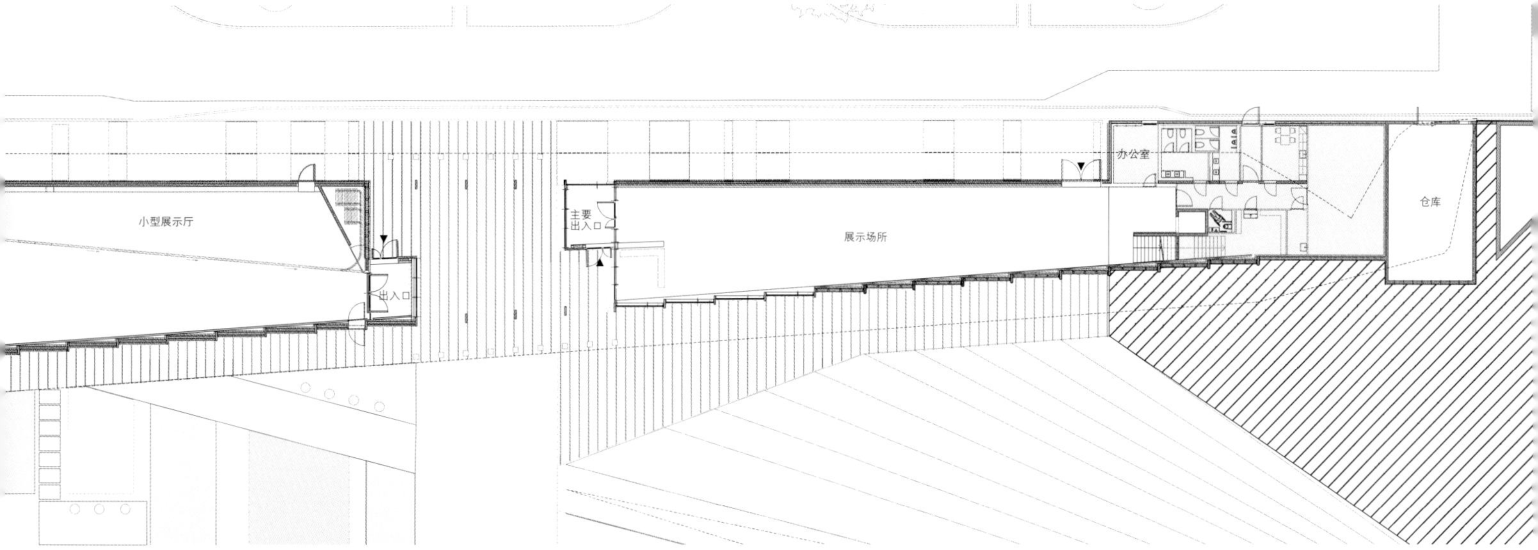

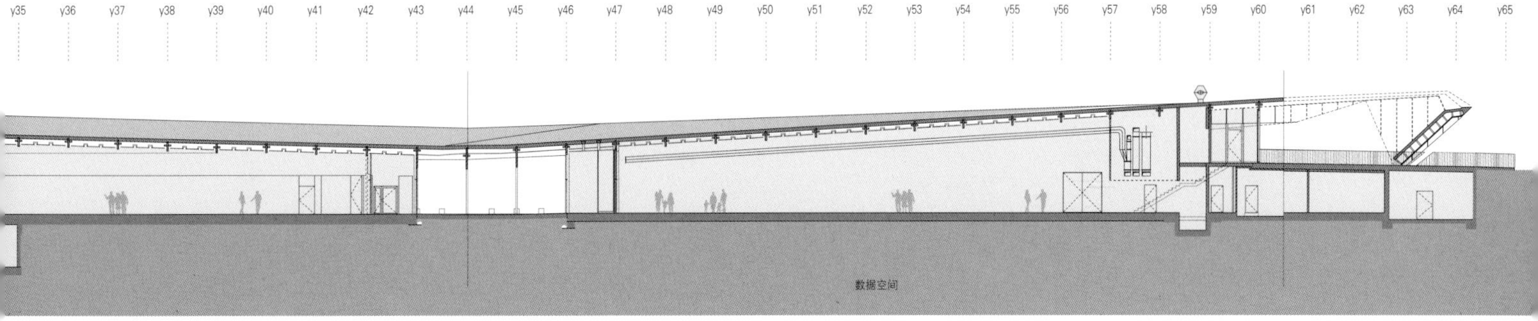

小型展示厅
出入口
主要出入口
展示场所
办公室
仓库

y35 y36 y37 y38 y39 y40 y41 y42 y43 y44 y45 y46 y47 y48 y49 y50 y51 y52 y53 y54 y55 y56 y57 y58 y59 y60 y61 y62 y63 y64 y65
数据空间

“艺术&科学・展览”的大型展示厅。为艺术家而建的新型艺术空间和展示场所。左侧为小型展示厅的入口。天花板的装饰材料为落叶松。图片提供：Adrien Barakat

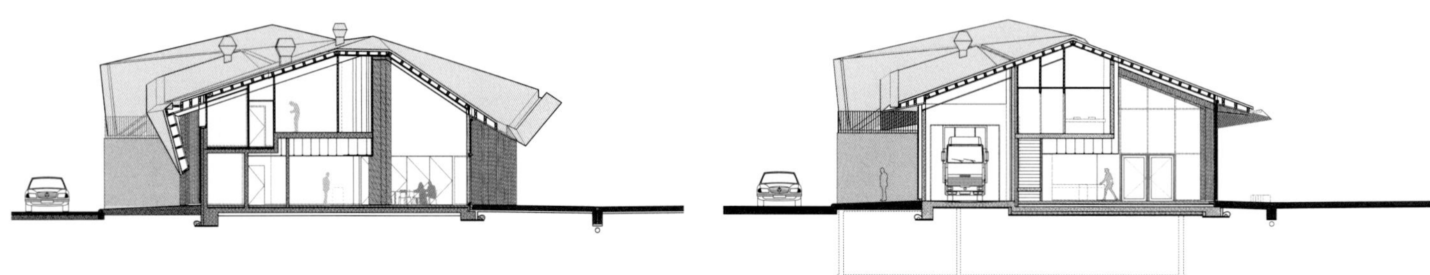

蒙特勒爵士咖啡馆・数据空间剖面图　比例尺 1:400

艺术&科学・展览，主要出入口剖面图

集成材料和铁板组成的复合结构框架

柱和梁是由云杉和白冷杉构成的集成材料，两侧由铁板夹住，为复合结构。铁板上有直径为4 mm的小孔，不管是建筑正面还是室内装饰都尽可能展示出木材的质感。虽然是木质建筑，但也想创造出透明的空间，因此，便形成了复合结构。柱子的宽度全部统一，都控制在120 mm。这种统一宽度的反复循环营造出了一种韵律感。在此基础上，满足全长270 m所需的各种边缘条件，如同添加了即兴演奏一样。

实际上，由于跨距和空间高度都有所不同，为了让宽度统一，需要不断变化铁板厚度（10 mm～22 mm）以及预期的集成材料尺寸。

（隈研吾）

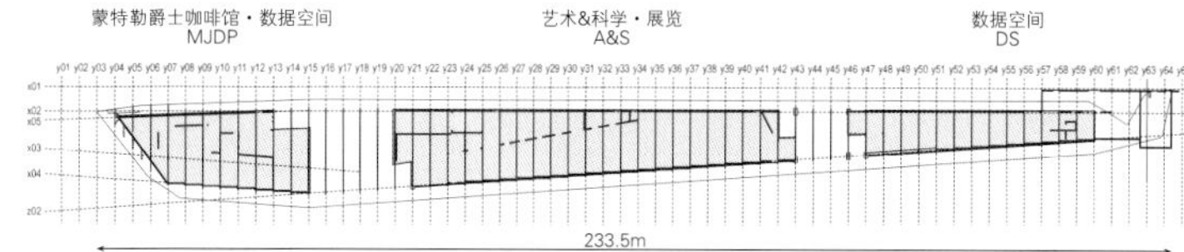

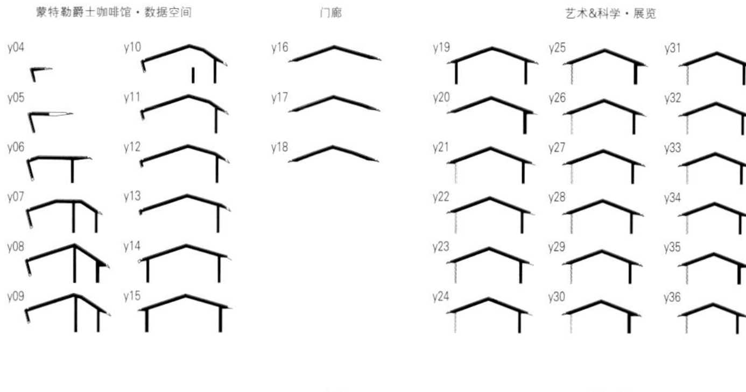

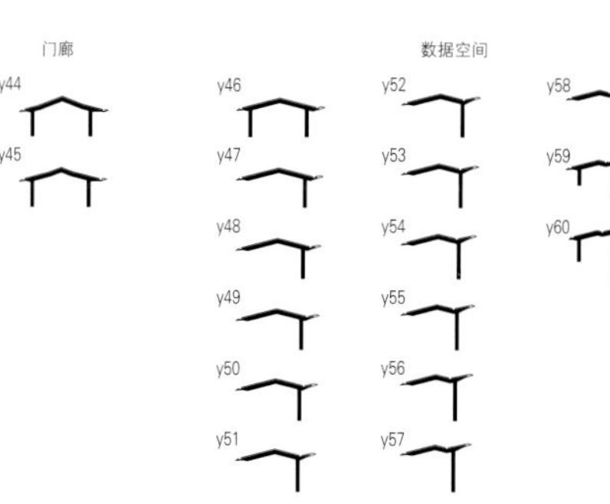

复合结构框架表

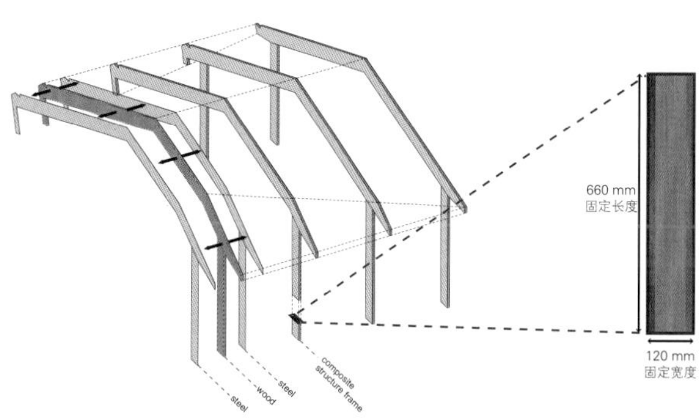

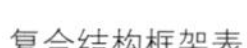

复合结构框架表

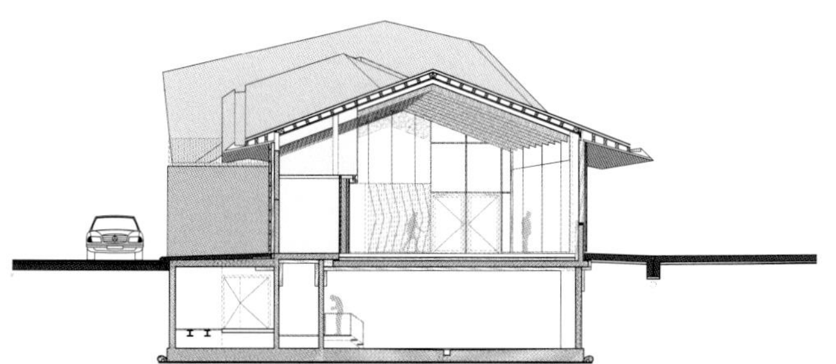

艺术&科学・展览剖面图

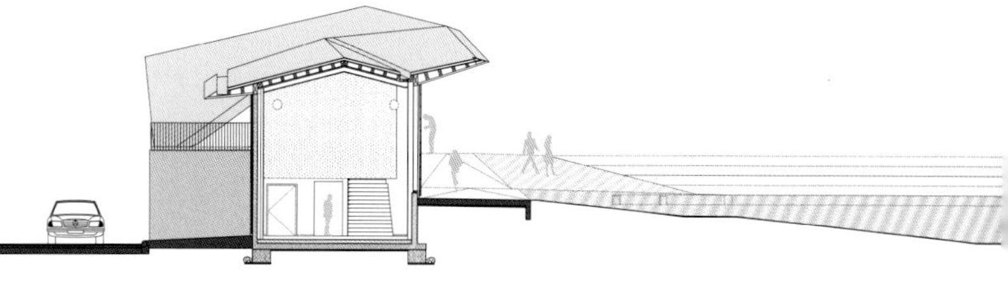

数据空间剖面图

上：复合结构框架近景。木材和铁板黏合剂、合成树脂、钉子相连接/下："艺术&科学·展览"大型展示厅的天花板近景。4 m以上墙壁及天花板为了防止回声设置成孔状

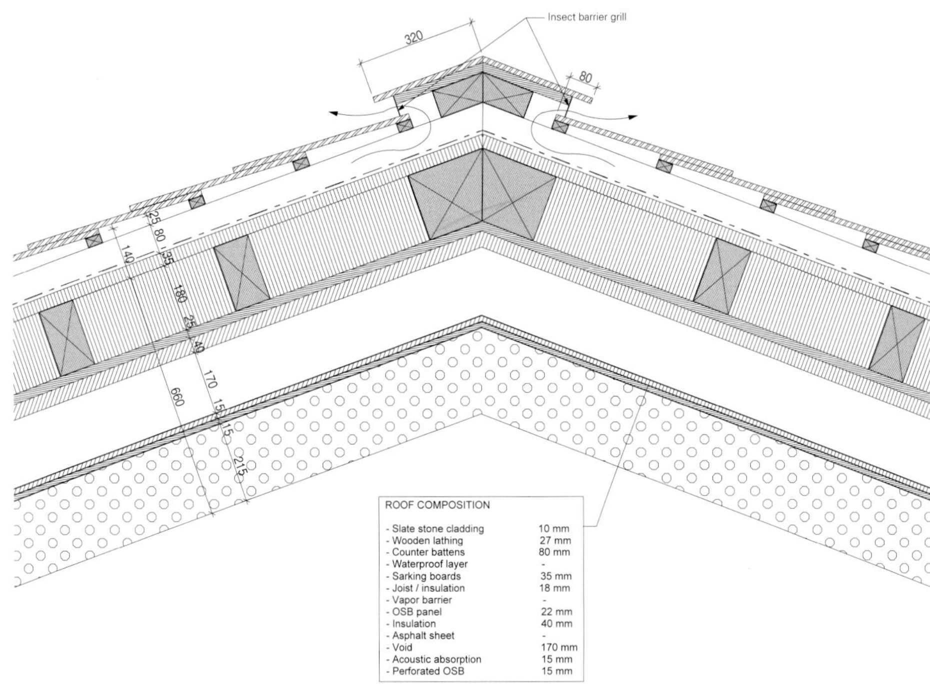

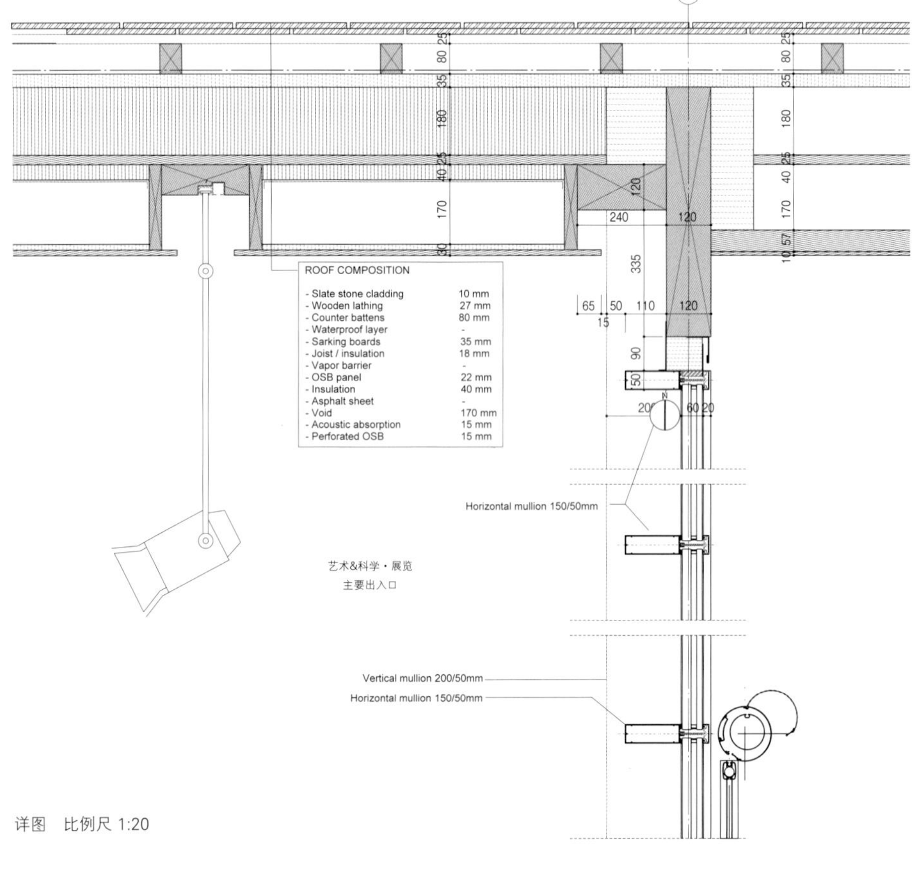

详图 比例尺 1:20

图片提供：隈研吾建筑都市设计事务所

复合结构框架

1）、2）位于洛桑近郊的Orge有一个叫作Yveronds的画室，该画室制作的复合结构框架在施工现场组装的情景/3）、4）预制装配式屋顶承载复合结构框架

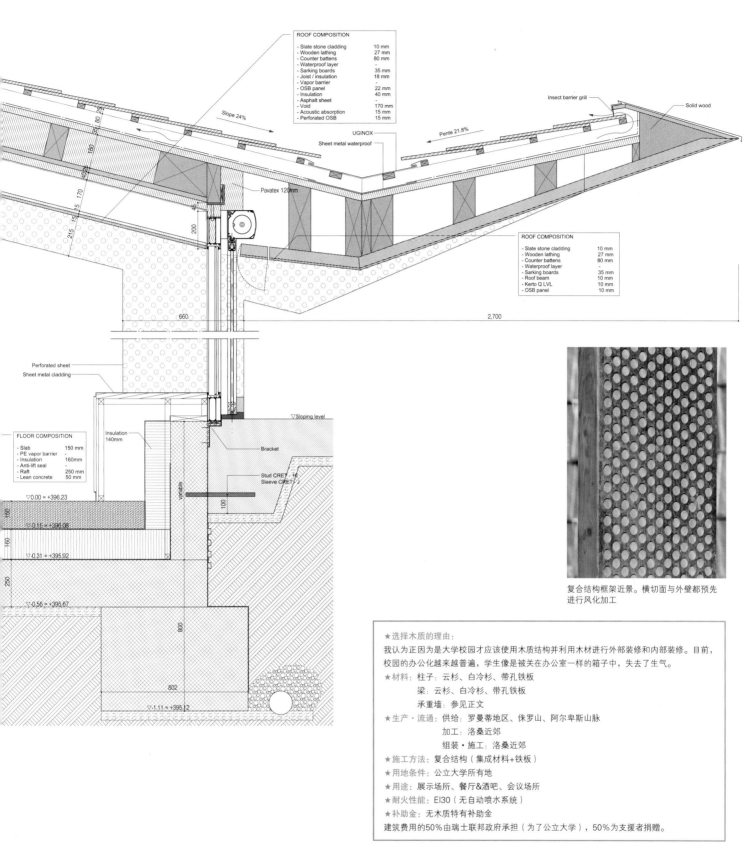

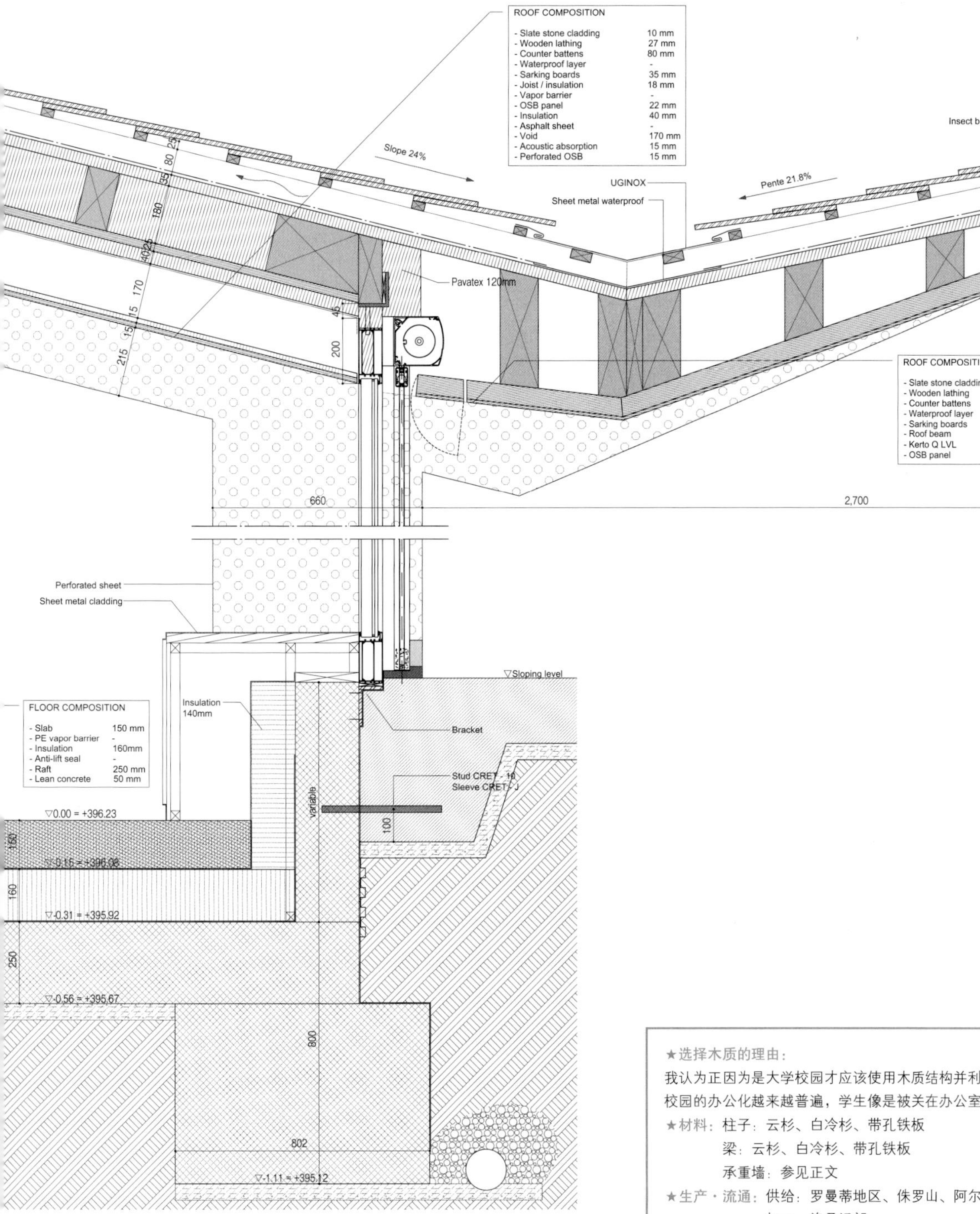

ROOF COMPOSITION

- Slate stone cladding	10 mm
- Wooden lathing	27 mm
- Counter battens	80 mm
- Waterproof layer	-
- Sarking boards	35 mm
- Joist / insulation	18 mm
- Vapor barrier	-
- OSB panel	22 mm
- Insulation	40 mm
- Asphalt sheet	-
- Void	170 mm
- Acoustic absorption	15 mm
- Perforated OSB	15 mm

Slope 24%

Pente 21.8%

UGINOX

Sheet metal waterproof

Insect barrier grill

Solid wood

Pavatex 120mm

ROOF COMPOSITION

- Slate stone cladding	10 mm
- Wooden lathing	27 mm
- Counter battens	80 mm
- Waterproof layer	-
- Sarking boards	35 mm
- Roof beam	10 mm
- Kerto Q LVL	10 mm
- OSB panel	10 mm

660

2,700

Perforated sheet

Sheet metal cladding

Insulation 140mm

▽Sloping level

Bracket

Stud CRET - 10
Sleeve CRET - J

FLOOR COMPOSITION

- Slab	150 mm
- PE vapor barrier	-
- Insulation	160mm
- Anti-lift seal	-
- Raft	250 mm
- Lean concrete	50 mm

▽0.00 = +396.23

▽-0.15 = +396.08

▽-0.31 = +395.92

▽-0.56 = +395.67

▽-1.11 = +395.12

variable

800

802

复合结构框架近景。横切面与外壁都预先进行风化加工

★选择木质的理由：

我认为正因为是大学校园才应该使用木质结构并利用木材进行外部装修和内部装修。目前，校园的办公化越来越普遍，学生像是被关在办公室一样的箱子中，失去了生气。

★材料：柱子：云杉、白冷杉、带孔铁板

梁：云杉、白冷杉、带孔铁板

承重墙：参见正文

★生产・流通：供给：罗曼蒂地区、侏罗山、阿尔卑斯山脉

加工：洛桑近郊

组装・施工：洛桑近郊

★施工方法：复合结构（集成材料+铁板）

★用地条件：公立大学所有地

★用途：展示场所、餐厅&酒吧、会议场所

★耐火性能：EI30（无自动喷水系统）

★补助金：无木质特有补助金

建筑费用的50%由瑞士联邦政府承担（为了公立大学），50%为支援者捐赠。

八张图片提供：Alain Herzog

5）北侧的悬臂屋顶为钢筋框架结构/6）风化加工后的落叶松作为外壁材料施工/7）西南侧视角/8）石板瓦屋顶

COEDA HOUSE

设计　隈研吾建筑都市设计事务所
施工　桐山
所在地　静冈县热海市
COEDA HOUSE
architects: KENGO KUMA AND ASSOCIATES

通透轻盈的木结构建筑

计划打造一个巨大的树形建筑。若模仿树木形态，分出枝丫，则人为设计感明显，故尝试了将木材随机堆叠的方法。倘若采用堆砌石块的方法来堆叠木材，则无法创造出枝丫延展的通透感。

将木材随机堆叠，用碳纤维棒加固（其抗拉强度是铁的七倍），这种设计以大树所展现出的优雅为灵感，整体通透而轻盈。为营造出人人都能参与其中的感觉，即体现建筑的民主化，选择轻便的原材料，最终选定了桧木方材。

另一方面，随机堆叠的木材脱离了网格状的束缚，形态自由，那些看似不相干的木材构件，在一系列新技术“促成”之下，化为一体，成为梦的复合体。

（隈研吾）

（翻译：汪茜）

建筑内观。该咖啡店位于热海市相模湾沿岸的玫瑰园Akaohabu & Rose Garden。在140 m^2的正方形平面中央，若干根桧木方材堆叠而成的中心支柱，支撑起整个屋顶，将地面和开口部位上方的顶壁连接起来。呈放射状的12根碳纤维棒起加固作用，能有效应对地震和强风引起的摇晃，使建筑有良好的稳定性

从西南方向看到的全景。园内植物环绕四周，东面相模湾广阔无边。建筑四角的钢铁支柱承受部分垂直荷重，由此可减少中央树干结构（中心支柱）所需木材的密度，营造出通透感。建筑内外的地面皆由耐久性强的非洲榉木铺设而成

区域图　比例尺1:10 000

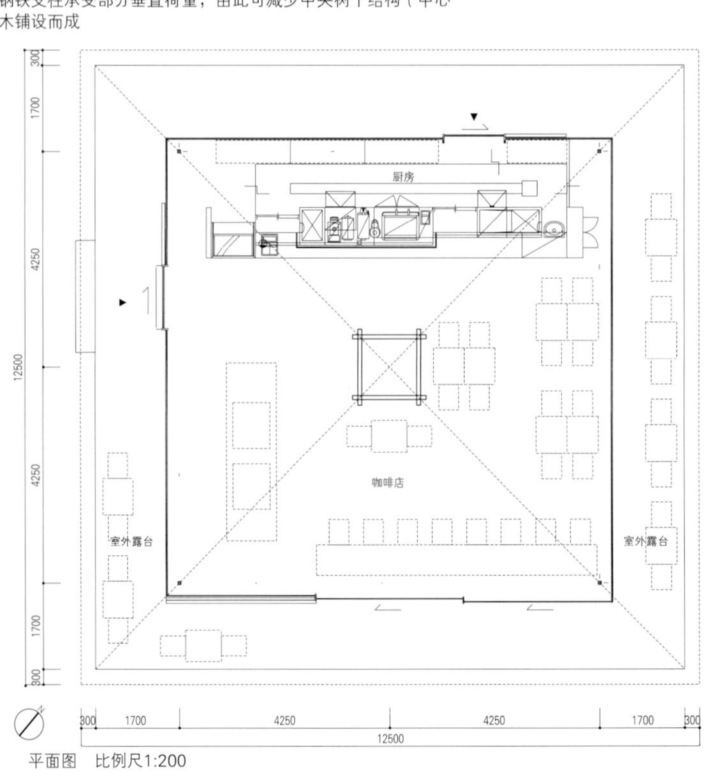

平面图　比例尺1:200

设计：建筑：隈研吾建筑都市设计事务所
　　　结构：江尻建筑结构设计事务所
　　　设备：环境工程
施工： 桐山
用地面积：2700 m^2
建筑面积：141.61 m^2
使用面积：141.61 m^2
层数：地上1层
结构：木质结构　部分钢筋骨架结构
工期：2017年4月—9月
摄影：日本新建筑社摄影部（特别标注除外）
　　　*桐山
（项目说明详见第148页）

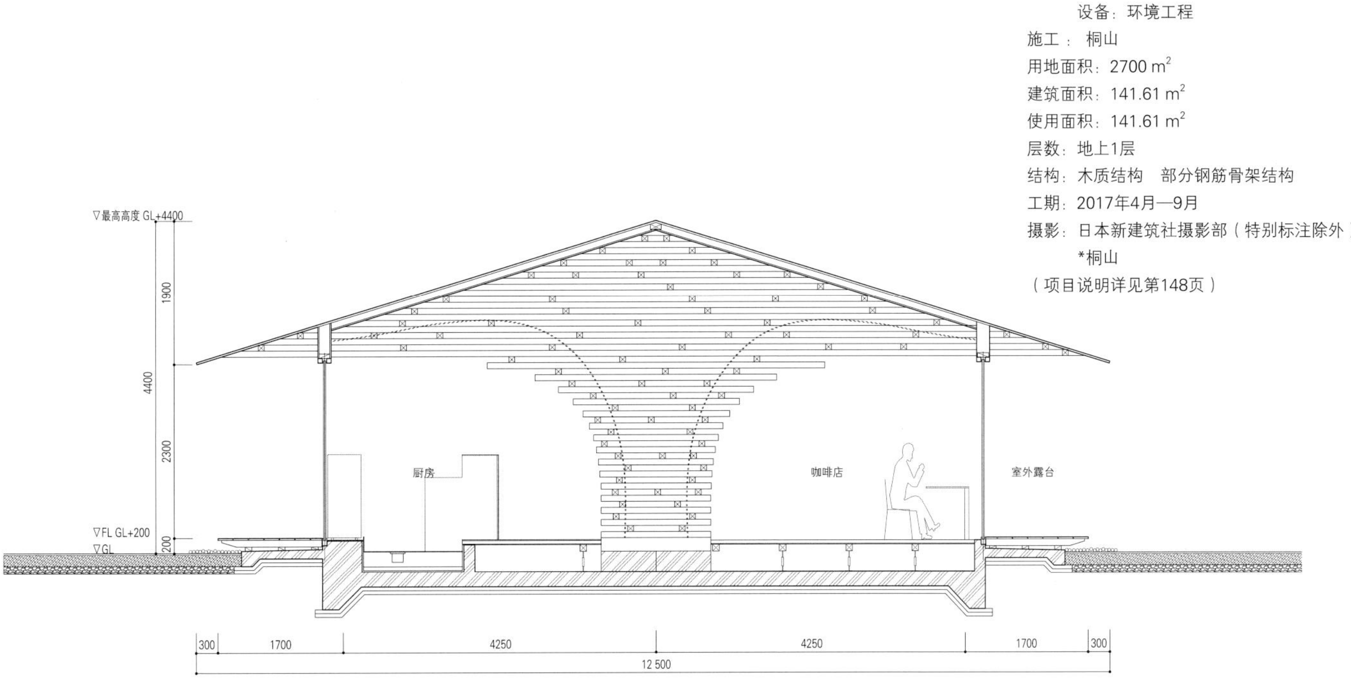

剖面图　比例尺1:100

从东面看到的建筑外观。咖啡台、桌子、椅子等家具均由隈研吾先生亲自设计

★材料：阿拉斯加扁柏
★生产・流通：生产：阿拉斯加原产扁柏
加工：静冈县
★施工方法：采用环氧树脂预埋件方法的逐层组装施工法
★用地条件：城市规划内区域
★用途：咖啡店

细木材组成树干结构

将若干根80 mm见方的桧木堆叠起来，形成巨大的树干结构。每根桧木方材的交接处用钢筋预埋件连接起来，再用树脂加以固定（即环氧树脂预埋件施工法）。在建筑四角各立起纯钢支柱，将其和中央的树干结构连接，减轻中心支柱的荷重，从而创造出具有通透感的树干结构。施工前，对木材进行半年的自然风干处理，再先后经过三次拉伸，一根12 m长的木材因此变得干燥而坚韧。12根碳纤维棒连接地面和顶壁，其极高的抗拉力度可有效应对海岸沿线地区特有的强风以及地震引起的晃动，保持建筑稳定性。

（隈研吾）

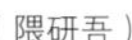

施工图。在施工现场将1.2 m~12 m的桧木方材一根根堆叠起来*

晚景。照明器具嵌入天花板和木材间，空气调节设施埋在地板下，通过缝隙进行空气调节

▽最高高度 GL+4400

吸顶灯

屋顶：
镀铝锌钢板 平铺
橡胶沥青屋面材料 t=1 mm
防水胶合板 t=24 mm
椽子80 mm × 80 mm@455 mm
挤塑聚苯乙烯泡沫塑料板 t=50 mm 椽子间充填
扁柏胶合板 t=12 mm

80 mm见方的木材组成的结构体

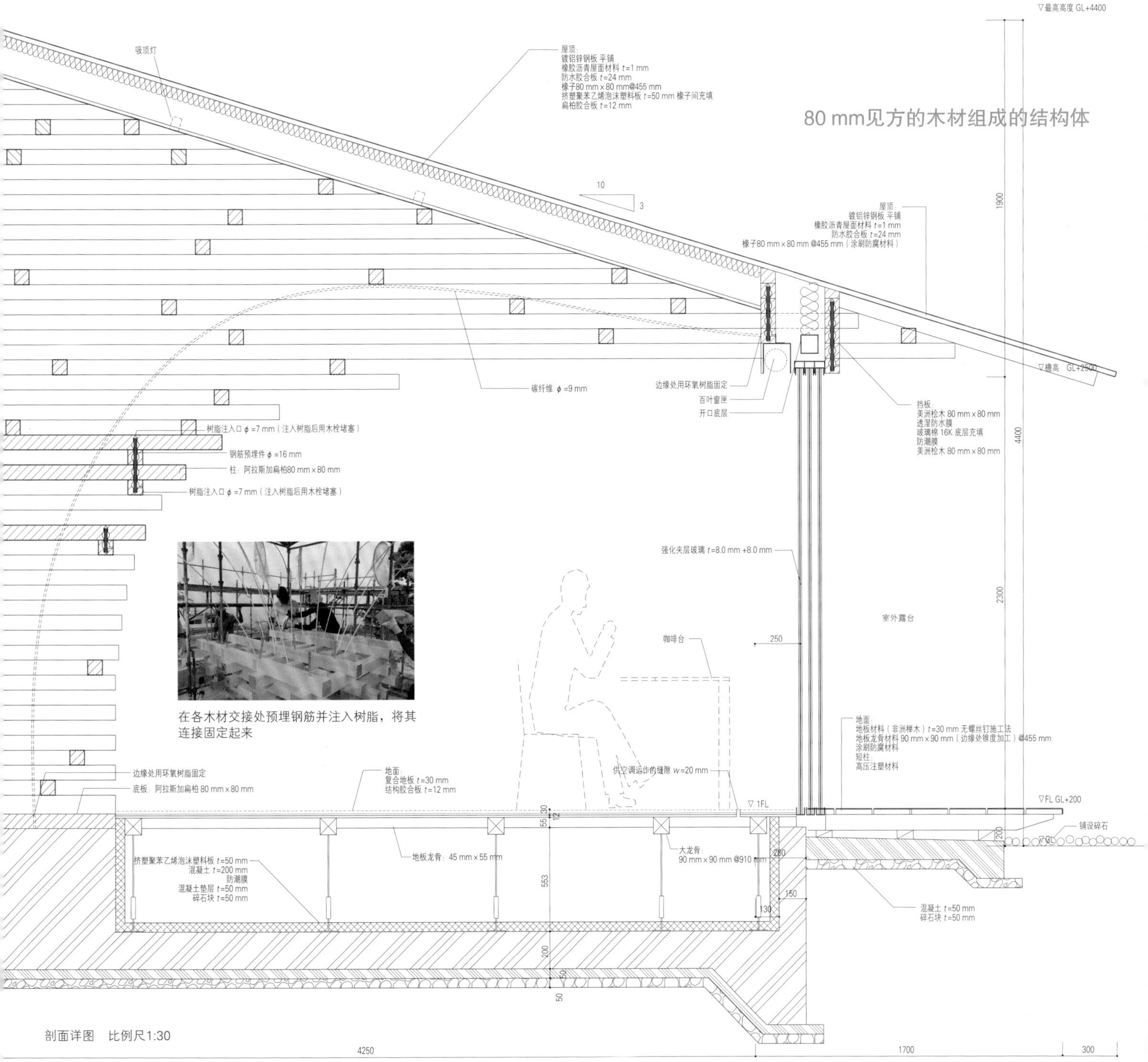

10
3

屋顶：
镀铝锌钢板 平铺
橡胶沥青屋面材料 t=1 mm
防水胶合板 t=24 mm
椽子80 mm × 80 mm @455 mm（涂刷防腐材料）

1900

▽檐高 GL+2500

碳纤维 ϕ =9 mm
边缘处用环氧树脂固定
百叶窗匣
开口底层

挡板：
美洲桧木 80 mm × 80 mm
透湿防水膜
玻璃棉 16K 底层充填
防潮膜
美洲桧木 80 mm × 80 mm

4400

树脂注入口 ϕ =7 mm（注入树脂后用木栓堵塞）
钢筋预埋件 ϕ =16 mm
柱：阿拉斯加扁柏80 mm × 80 mm
树脂注入口 ϕ =7 mm（注入树脂后用木栓堵塞）

强化夹层玻璃 t=8.0 mm +8.0 mm

2300

室外露台

咖啡台

250

在各木材交接处预埋钢筋并注入树脂，将其连接固定起来

地面：
地板材料（非洲榉木）t=30 mm 无螺丝钉施工法
地板龙骨材料 90 mm × 90 mm（边缘处锥度加工）@455 mm
涂刷防腐材料
短柱：
高压注塑材料

边缘处用环氧树脂固定
底板：阿拉斯加扁柏 80 mm × 80 mm

地面：
复合地板 t=30 mm
结构胶合板 t=12 mm

供空调运作的缝隙 w=20 mm

▽ 1FL
▽FL GL+200
铺设碎石
▽GL

30
12
55
553
200
50
50

挤塑聚苯乙烯泡沫塑料板 t=50 mm
混凝土 t=200 mm
防潮膜
混凝土垫层 t=50 mm
碎石块 t=50 mm

地板龙骨：45 mm × 55 mm

大龙骨：
90 mm × 90 mm @910 mm

280
150
130
200

混凝土 t=50 mm
碎石块 t=50 mm

剖面详图 比例尺1:30

4250 1700 300

高知县自治会馆新办公楼

设计　细木建筑研究所

施工　竹中工务店

所在地　高知县高知市

KOCHIKEN JITIKAIKAN

architects: HOSOGI ARCHITECT & ASSOCIATE

高知县市町村综合事务所新办公楼，除用于交换意见、收集信息外，还兼具研修设施功能，可供高知县相关科室及其他公共组织入驻。高知县森林覆盖率位居日本第一，因而木材在建筑方面被广泛使用，1层和2层之间设置减震层，1~3层的钢筋混凝土上铺设3层木质耐火框架。木结构的抗震功能体现在使用了木质拉条及高弹性极限应力承重墙

北侧外观晚景。3层及以下为钢筋混凝土结构，杉木被设置成百叶窗状，兼具隐藏设置配管的功能。4~6层透过幕墙即可看见木质拉条

高知城天守阁（位于建筑北侧）视角。经预测，若发生南海海沟大地震，该地的海啸浸水水位将达到1 m~2 m，故在建筑1层和2层中间设置了减震层

打造都市型木结构政府办公楼

日本第一森林县——高知县的市町村综合办公楼以木材作为主要材料。该建筑坐落在高知县中心地区，正面与高知城遥相呼应，位于防火区域内。该区域内建筑材料多为木材，考虑到木结构建筑的特性，故将该办公楼设计成钢筋混凝土（耐火时间为2小时）和木质结构（耐火时间为1小时）搭配的6层混合体建筑。

1~3层为钢筋混凝土结构：1层是停车场。2、3层被设计成无柱大空间的研修室和大会议室。4~6层是木质结构的各类办公室，跨度较小，能有效发挥钢筋混凝土及木质结构的特性。经预测，若发生南海海沟地震，该区域的海啸浸水水位将达到1 m~2 m，因而在该建筑的1层和2层中间设置减震层。建筑主立面充分发挥了这一结构特性，整体看起来整洁明快，给城市注入了新的活力。

施工方法选用木结构轴组工法。耐火工艺采用将强化石膏板覆盖在柱、梁、地面等结构体上的薄膜法，抗震功能体现在木质拉条呈X形布局，CLT（交错层压木材）壁板和胶合板Y方向支撑。因CLT壁板承担了Y方向中心区域的高弹性极限应力，可相应减少承重墙的使用，在可自由进行平面设计的同时，创造出南北通透的效果。此外，当地产的杉木、扁柏等木材搭建的网状拉条，给建筑外观和内部装饰增添了一丝温情。

使用网状拉条以及CLT材料是从未有过的尝试，正是由于这一新的尝试，为都市型木结构建筑提供了一种可能，使建造中层支承式减震结构的办公大楼得以实现。

（细木茂）

（翻译：汪茜）

区域图 比例尺1:6000

3层大会议室。南北通透，通风性好

1层玄关处看向门廊，电梯通过提拉缆绳进行升降，与减震层分隔开来

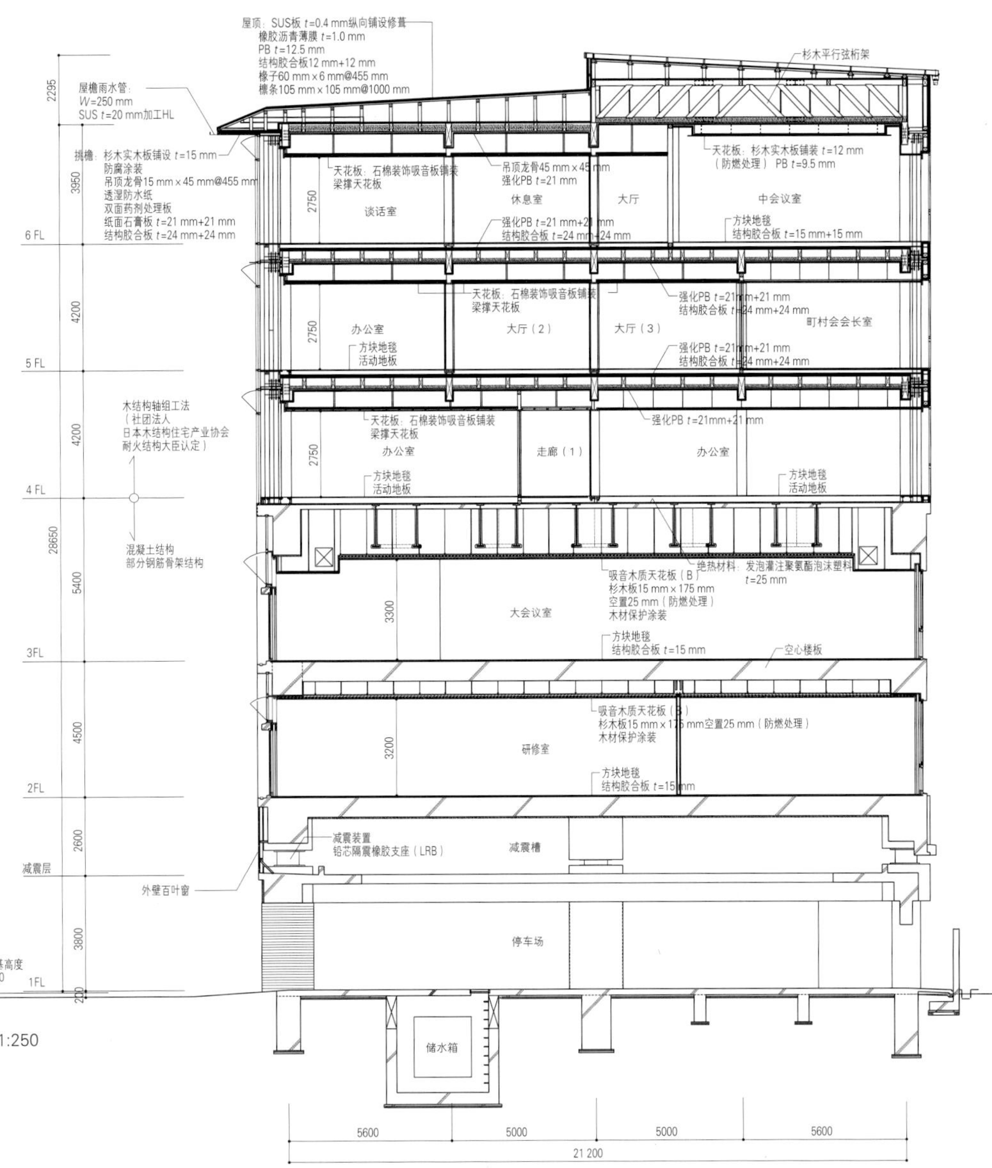

剖面详图　比例尺1:250

5层地面组装完成。杉木层积材大梁210 mm×750 mm@4200 mm，小梁120 mm×330 mm@1000 mm。胶合板制材120 mm×120 mm @1000 mm

3层大会议室天花板。钢筋骨架格子梁上覆盖木质框架

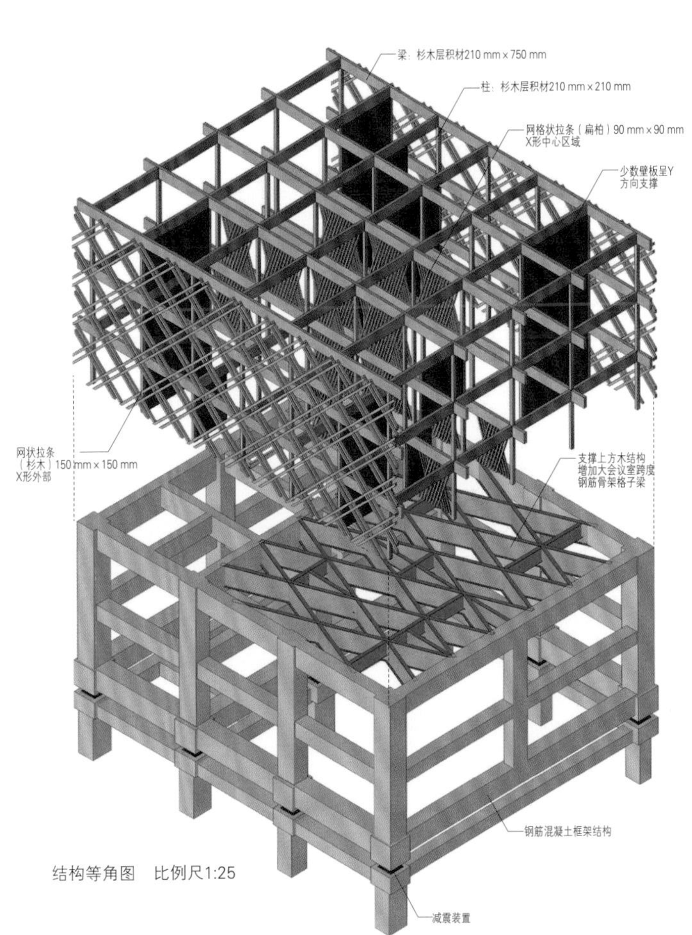

结构等角图　比例尺1:25

6层大厅看向办公室。两侧间壁由木质拉条组成，木结构耐火薄膜施工法是指在柱、梁等主要结构体上用增强石膏板进行耐火覆盖的方法（这一耐火技术由日本木结构耐火建筑协会提供）。窗框是由150 mm见方的杉木材搭建形成的木质拉条。由于内部装修限制，天花板选用只占外观面积1/10的梁撑天花板。隔断的木质拉条用玻璃覆盖，在追求木质化的同时，实现有效耐火1小时的目标，创造出洁净明亮的木质空间

5层大厅

3层大厅，杉木压缩复合地板

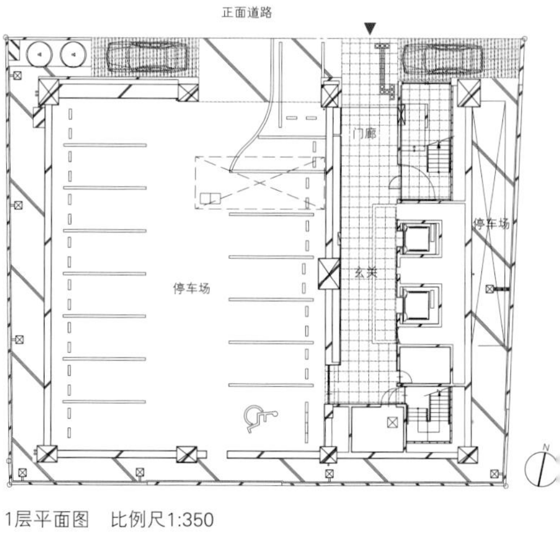

正面道路

门廊

停车场

玄关

停车场

1层平面图　比例尺1:350

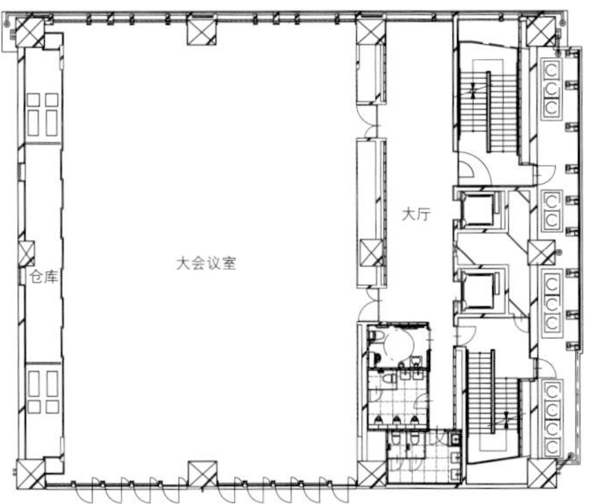

3层平面图　比例尺 1:350

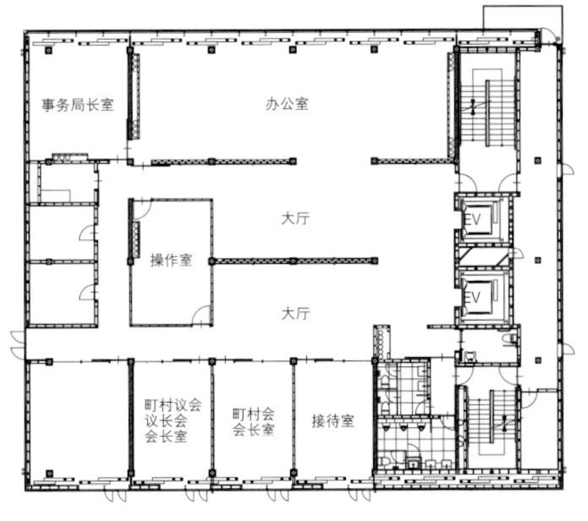

5层平面图

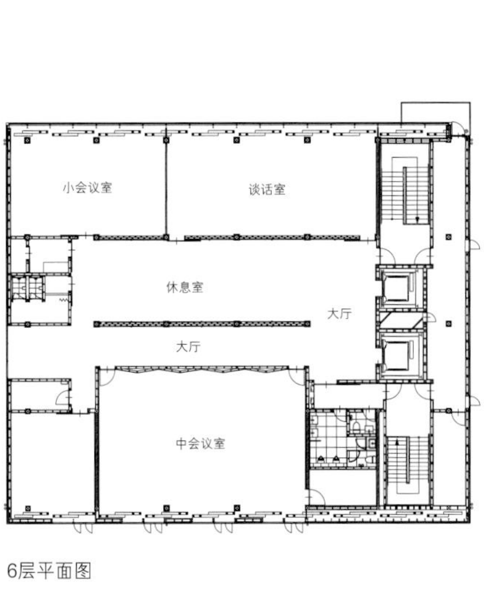

6层平面图

木尽其用，打造木质空间

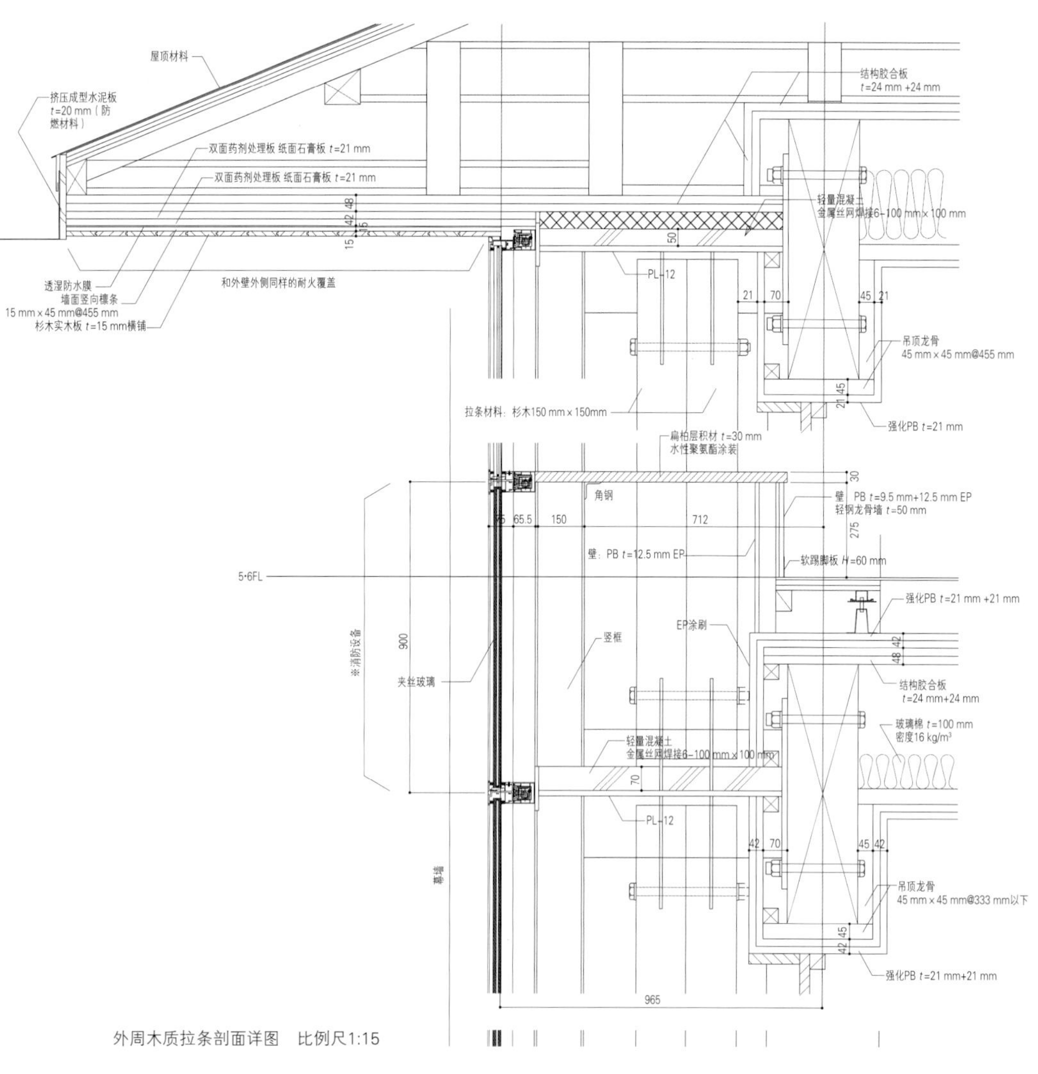

外周木质拉条剖面详图　比例尺1:15

窗边木质拉条，施工细节
为使建筑立面看起来整然有序，决定将窗边拉条安装在柱、梁外侧，承接拉条的金属部件固定于梁的外侧，金属部件顶端由幕墙支撑，窗边拉条和内部拉条的差异是本项目的独特之处*

内部木质拉条，施工细节
为降低拉条的轴向力，在决定施工方法（增加地面荷重）前，现场确认尺寸后再进行安装*

南面窗框，外周木质拉条

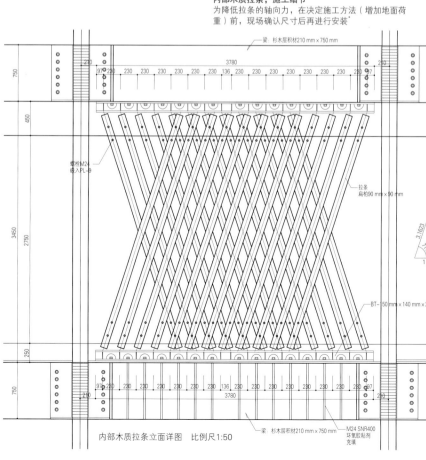

梁：杉木层积材210 mm × 750 mm
3780
螺栓M24 嵌入PL-9
拉条 扁柏90 mm × 90 mm
BT–50 mm × 140 mm × 2
M24 SNR400 环氧胶粘剂充填
梁：杉木层积材210 mm × 750 mm

内部木质拉条立面详图　比例尺1:50

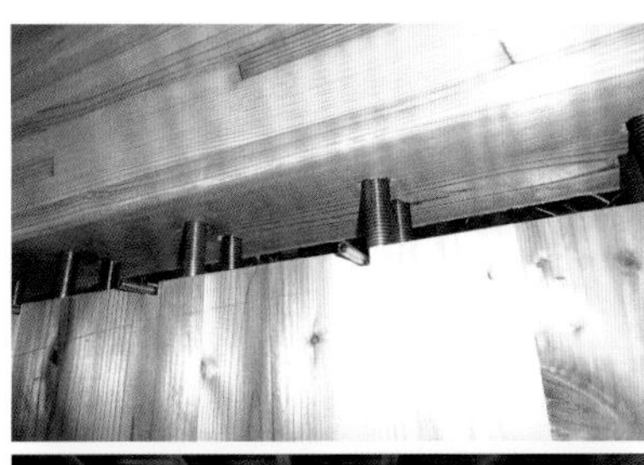

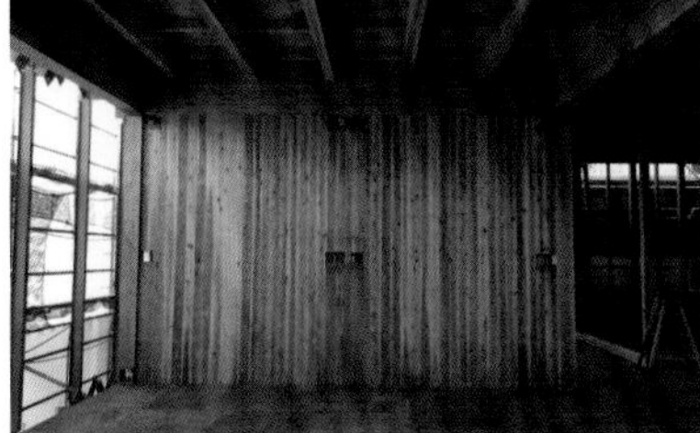

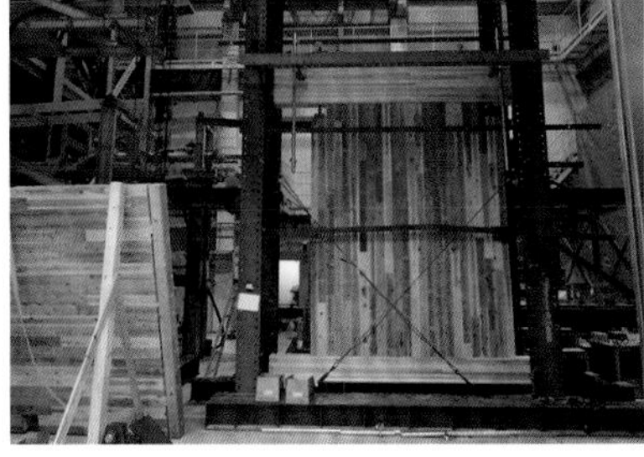

CLT壁板，施工细节
承重墙选用5层CLT壁板。两端用PC钢棒固定，为防止偏移，安装两排螺栓加固*

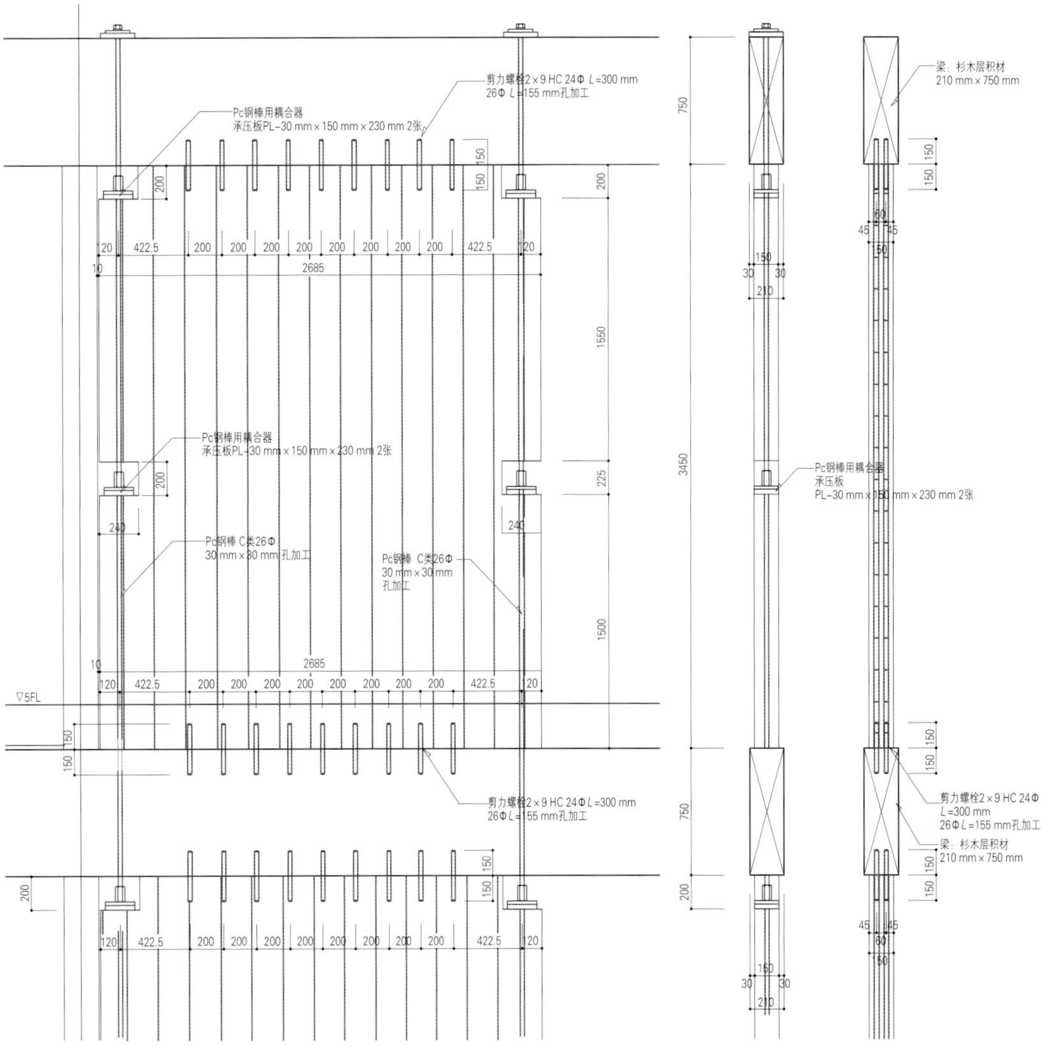

剪力螺栓2×9 HC 24Φ L=300 mm
26Φ L=155 mm孔加工
Pc钢棒用耦合器
承压板PL−30 mm×150 mm×230 mm 2张
Pc钢棒 C类26Φ
30 mm×30 mm孔加工
▽5FL
梁：杉木层积材
210 mm×750 mm
Pc钢棒用耦合器
承压板
PL−30 mm×150 mm×230 mm 2张
剪力螺栓2×9 HC 24Φ
L=300 mm
26Φ L=155 mm孔加工
梁：杉木层积材
210 mm×750 mm

CLT壁板承重墙详图　比例尺1:45

剪力螺栓2×9 HC 24Φ L=300 mm
L180切割与钢筋完全热熔焊接
拱肋PL−19
格子梁B.H
1500 mm×250 mm

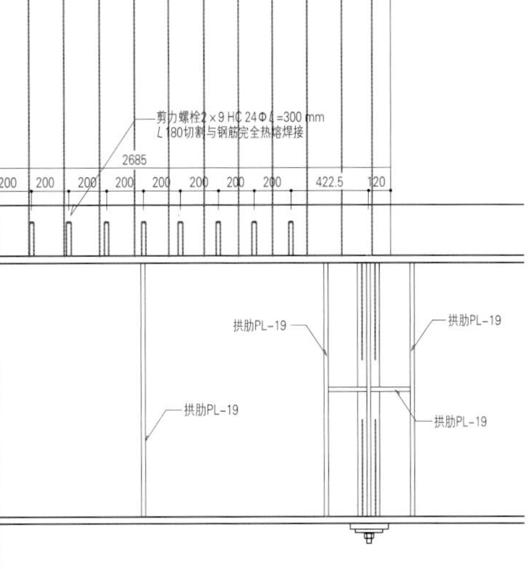

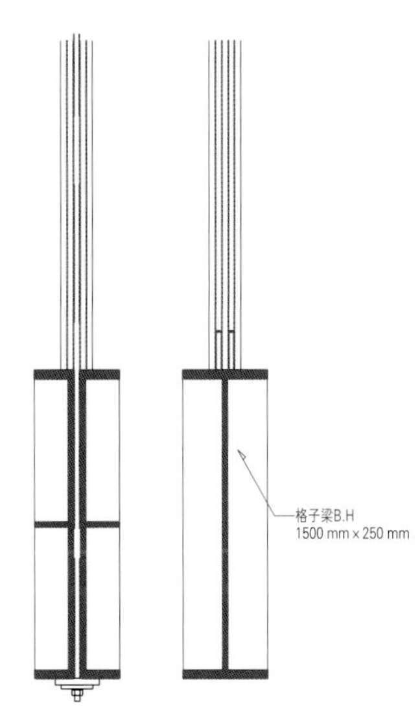

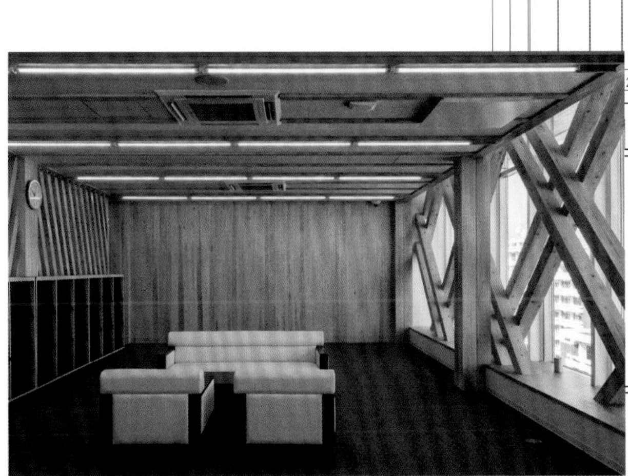

6层谈话室，和正面小会议室之间的间壁由CLT壁板构成，通过结构试验验证，CLT壁板也可作为承重墙使用

★选择木质的理由：
高知县作为著名的森林县，应政府要求，以建筑木质化作为设计理念，将其下市町村组成的综合事务所办公楼，打造成具有抗震功能的钢筋混凝土结构和木结构相结合的立面混合体建筑，建造都市型木结构建筑，使这一政府办公楼圆满完工。

★材料：柱：杉木同一等级层积材
梁：杉木对称不同等级结构层积材、部分美洲松对称不同等级结构层积材
柏：拉条：杉木制材、扁柏制材
承重墙：杉木CLT

★生产・流通：供给：高知县
加工：爱媛县（杉木层积材）、冈山县（美洲松层积材）、石川县（CLT）
组装・施工：高知县

★施工方法：拉条和CLT承重墙轴组施工法（钢筋骨架结构和木结构的立面混合体・抗震建筑）
★用地条件：商业地区 防火地区
★用途：政府办公楼
★耐火性能：柱、梁、墙壁、地面：有效耐火1小时
★补助金：国土交通省可持续建筑先导事业

设计　建筑：细木建筑研究所
结构：樱设计集团一级建筑师事务所
枞建筑事务所
设备：ARTI设备设计室
施工：竹中工务店四国分店
用地面积：798.73 m^2
建筑面积：646.06 m^2
使用面积：3648.59 m^2
层数：地上6层
结构：钢筋混凝土结构+木质结构　部分钢筋骨架结构
工期：2015年6月—2016年9月
摄影：日本新建筑社摄影部（特别标注除外）
*细木建筑研究所
（项目说明详见第149页）

SUKUMO商银信用工会

设计　艸建筑工房

施工　山幸建设

所在地　高知县宿毛市

SUKUMO SHOGIN

architects: SOU ARCHITECTURAL FACTORY

在日本，银行是最早将CLT作为主要建筑材料的木质金融机构。金库部分是独立壁式钢筋混凝土结构，由木质框架覆盖而成。为促进当地产业和林业发展，一改人们对银行机关厚重建筑物的固有印象，设计师设计出一个明亮且使人感觉轻快的空间。2层地板是一个由CLT（7张）制成的跨距为11.4 m的张弦梁结构，营造出一种悬浮的空间感

2
121
1

最大程度发挥CLT的优势

宿毛市的郊外建造了日本建筑史上极为罕见的木结构银行。在日本，该银行是首个将CLT用于主体构造部分的建筑物。周围田园风光环绕，从大海一侧向山的方向逐渐升高的坡式屋顶，成为视线焦点。木材的线与面交相辉映，充分发挥木质建筑的优势，不同于以往银行给人们带来的闭塞压抑之感。在木材营造的柔和的氛围下，树木好似在与人喃喃细语。坡式屋顶的突出部分是长为475 mm的悬臂梁结构，同时具有遮阳防雨功能。纵深4.4 m的停车门廊采用日本传统建筑工法，由杉木制作而成。外壁部分以乙酰化的木材为原料，增强了耐用性。为加强建筑的稳定性，在各节点部分做细节处理。

可燃物较多的金库部分为钢筋混凝土结构，前方开放区域没有设置消防卷帘门。2层的地板发挥了CLT的优势，添加张弦梁结构，实现了11.4 m的长跨距结构。建筑上部较长的跨度设计如果用钢筋混凝土或是钢铁构架作为建筑材料，自然就对建筑的高度有所要求。CLT和张弦梁工法结合下的预制板作为材料可以降低对高度的要求，与此同时也可以节约成本。另外，设计轴组+CLT壁节点尝试了CLT在其他部分的用途。设计师将建筑、结构、设备三者平衡与协调，致力于设计出一个宽敞舒适的空间。

（横畠康/艸建筑工房）

（翻译：程雪）

大厅。135 mm×210 mm的杉木材用475 mm的螺距固定，形成跨度约为4.4 m的无柱空间。开口部的柱子兼组合窗由135 mm×270 mm的杉木制成。左侧来客登记处也由CLT制作而成

区域图　比例尺 1:8000

东侧外观。外部建材考虑材料的耐用性，选择了乙酰化的木材

1层营业厅内部视角。顶棚高度为3325 mm。可看到屋顶CLT部位及张弦梁。LED照明设施安装在CLT面。为使1900 mm宽的CLT木板更好地接合在接缝处以便进一步加工，木板与木板的对接处设置成槽（张弦梁支撑各部边缘产生较小应力）

营业厅，大厅方向视角。柱与梁之间每一个CLT框架结构都具有抗震性能。右上方为2层CLT张弦梁预制板

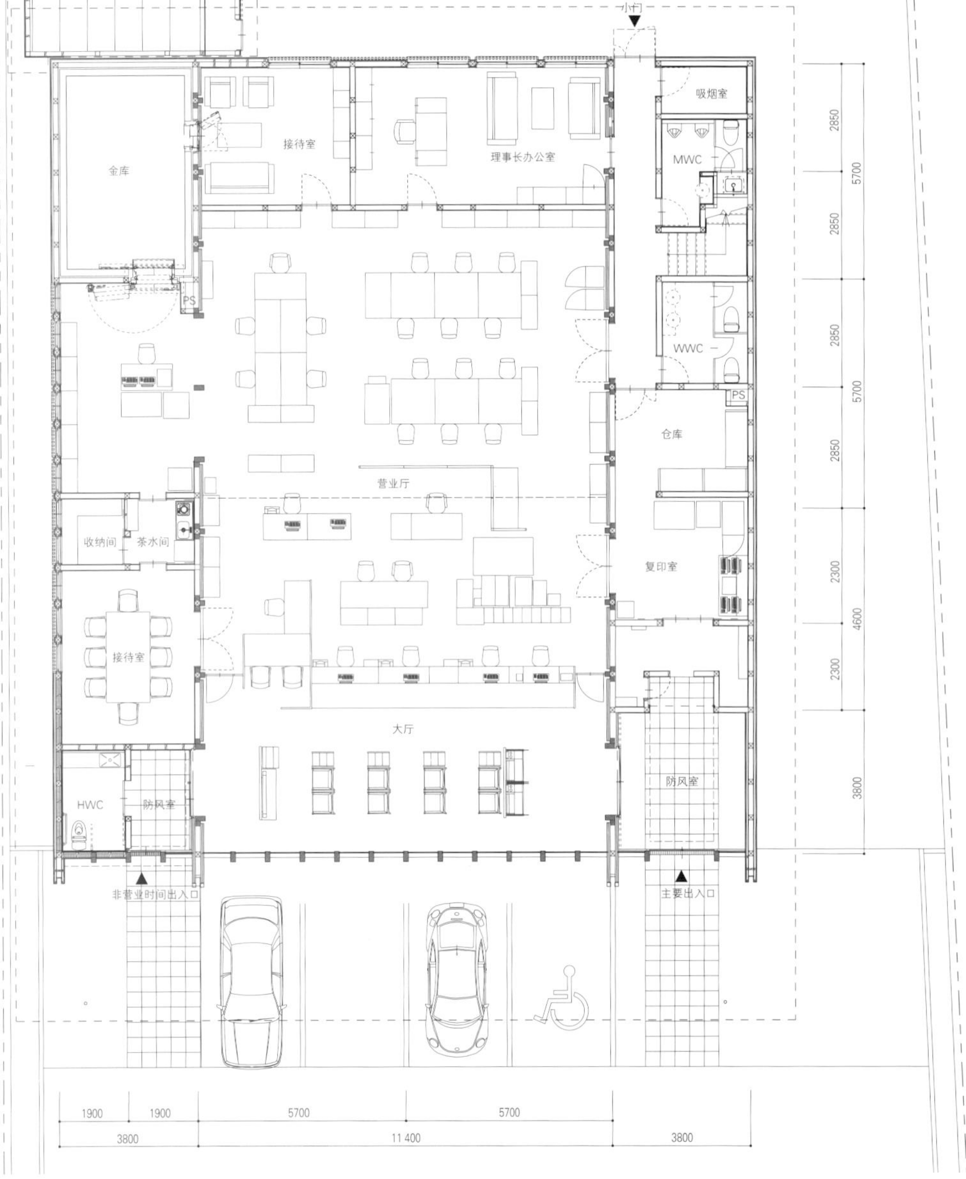

1层平面图　比例尺 1:200

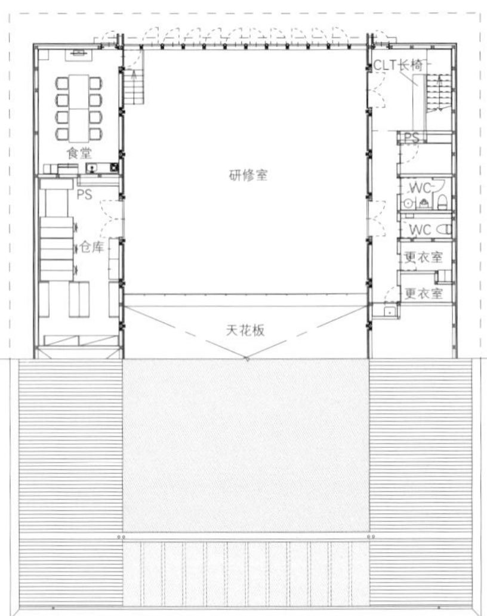

2层平面图　比例尺 1:400

置于2层，用CLT制成的长椅

★选择木质的理由：

正值银行新建之际，设计人员考虑大型建筑的木质化倾向，同时也得到了重视当地产业发展的人们的认同理解，尝试使用CLT张弦梁等材料与工法。目的是促进包含CLT在内的木质建筑的普及和发展。

★材料：柱：加工柏木材，加工杉木材，杉木层积材
梁：加工杉木材，杉木层积材
CLT：杉木

★生产・流通：供给：高知县
加工：冈山县（CLT、集成材）
高知县（其他）
组装・施工：高知县

★施工方法：日本传统轴组工法＋CLT

★用地条件：都市计划区域内

★用途：银行

★补助金：平成28年度CLT建筑促进事业补助金

设计：建筑：艸建筑工房
构造：山本结构设计事务所
设备：ARUTEI设备设计室
施工：山幸建设
用地面积：1294.64 m^2
建筑面积：581.17 m^2
使用面积：804.83 m^2
层数：地上2层
结构：木质（轴组工法＋CLT）
工期：2017年1月—6月
摄影：日本新建筑社摄影部（特别标注除外）
*艸建筑工房

（项目说明详见149页）

北侧外观。北侧是职工专用停车场，设有停放自行车以及汽车的专用空间

南侧停车场视角。右侧大门为一般出入口，左侧为非营业时间出入口。最低房檐高度为2975 mm

CLT墙壁和2层的CLT地板相协调。空调从左侧的百叶窗部分送风。CLT由7张薄木板胶合而成，厚度为210 mm。张弦梁的细节见右页。负责该工程的山幸建设是初次接触CLT工程，但是在较短时间（历时约五个半月内便顺利完工

设备、结构相互匹配的协调空间

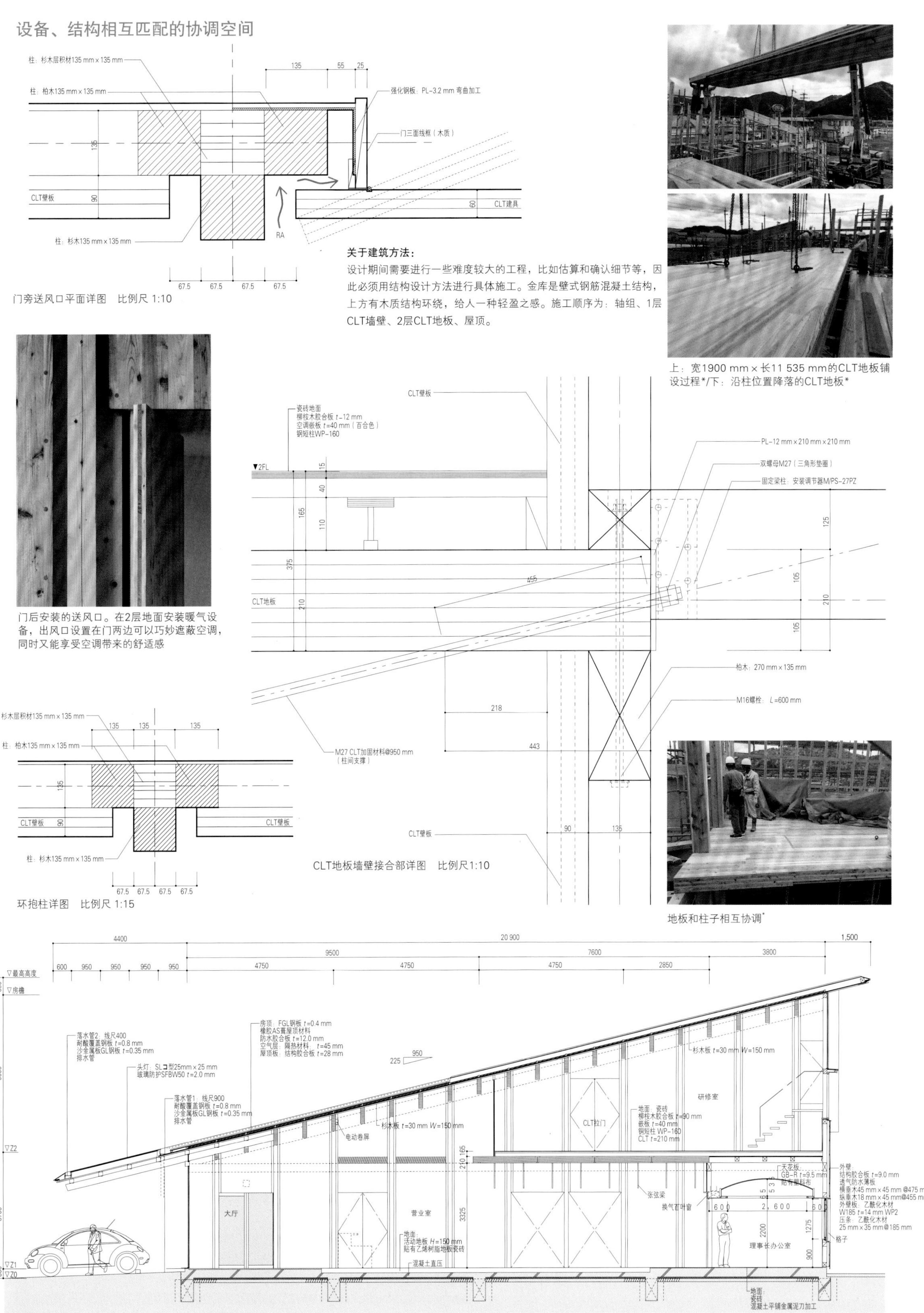

门旁送风口平面详图　比例尺 1:10

关于建筑方法：

设计期间需要进行一些难度较大的工程，比如估算和确认细节等，因此必须用结构设计方法进行具体施工。金库是壁式钢筋混凝土结构，上方有木质结构环绕，给人一种轻盈之感。施工顺序为：轴组、1层CLT墙壁、2层CLT地板、屋顶。

上：宽1900 mm × 长11 535 mm的CLT地板铺设过程*/下：沿柱位置降落的CLT地板*

门后安装的送风口。在2层地面安装暖气设备，出风口设置在门两边可以巧妙遮蔽空调，同时又能享受空调带来的舒适感

CLT地板墙壁接合部详图　比例尺1:10

环抱柱详图　比例尺 1:15

地板和柱子相互协调*

剖面图　比例尺 1:150

采访：作为地区产业的木质建筑业

小原忠（高知县木材产业振兴科）

高知县促进木质建筑产业的措施

——高知县积极促进木材产业发展，同时着力于林业的振兴以及木质建筑的修建。2014年建成“高知OHTOYO制材办公设施”，是日本国内首个使用 CLT工法的建筑。关于为何一直致力于木质建筑，以及关于高知县的林业、木质建筑的现状，可以谈谈您的看法吗?

高知县约九成的地区为山地，森林覆盖率为84%，位居日本国内第一位。另外私有林的造林率以及人造林保有量均位于日本第二位，可大量供应作为建筑材料的木材。当前森林的年生长率为380万立方米，其六成可作为建筑材料。但是，其中完全被开发的只有60万立方米左右，不到总量的1/6。考虑发挥资源优势以及环境的可持续发展，每年的生产量和使用量需得到平衡，树木的龄级配置也必须做到均衡。但是，从事林业难以发家致富，如今林业人员非常稀少，造成了当今森林林木龄级的重叠，新树苗无人栽种这样一种不协调的状态。因此，为充分发挥丰富的森林资源优势以及给县内山地区域带来活力，振兴林业成了重要的课题。

因此，在2016年高知县产业振兴计划中，我们制定了进一步扩大原木采伐、完善加工体系、形成流通销售系统、扩大木材需求量、培养及保证后继人员这五项计划，还商讨了发货量和原木生产量的目标值。其中为使生产量和使用量最接近平衡值，一直致力于木材销路的拓展。木材分为不同等级，山上砍伐的作为建筑材料且质量较好的A等木材、制作层积材薄板和胶合板的B等木材、做生物燃料的C等木材等。但是A等木材在用作住宅建造方面时不是使用日本传统工法而是使用将柱子隐藏的工法，加之建造房屋的家庭减少，流通量也在减少，必须要想办法改善这种情况。另外为使木材在最大程度上得到有效利用，B等、C等木材也必须扩大其需求量。

——关于扩大各种木材的需求量，都采取了一些什么样的具体对策呢?

针对A等木材的一个措施就是开发家用住宅建设以外的其他用途。它可以解决非住宅跨度较长横梁的需求问题。还可使用木材加工商品做建筑模型，向实际的施工方寻求技术、建材成本等意见，不断学习和改进。而且我们也支持作为内部装饰商品而不是建筑结构的商品的开发工作，即让用作内部装饰的产品不断加强与完善耐火性能及品质。针对C等木材，导入生物能发电技术，木材的年需求量增加到21.6万立方米。县内的两所发电站一年可发电8500万千瓦（一个发电站可满足约10 000户的用电需求）。B等木材以前直接以木料形式销售。尝试过把木料加工成层积材薄板，但是生产量方面没有如愿增长。在思考如何增加生产量时，看到了国外使用CLT的例子受到启发。加工CLT一次可使用较多的木材而且CLT用途广泛，以此为契机尝试生产使用与开发CLT。

有效利用CLT的方式

——利用CLT建材的建筑在县内已经有8处，正在建设中和设计中的分别有四处，CLT用途多样。可否描述一下县内将来发展木材产业的计划?

现在是这样的，“OHTOYO制材”公司制作初级木板材，然后铭建工业将木板材加工成CLT，成品在高知县进行销售。刚才也说了目标是在县内建造CLT的生产工厂，但是现在的需求量远远跟不上。现在首要任务就是扩大木板材的需求量，我们的新工厂已经于2016年开始动工了。

2013年7月，东京大学名誉教授坂本功先生、工学院大学的河合直人先生在日本率先设立了“CLT建筑推进协会”，其中坂本功先生担任会长一职。在协会中可以实际建造CLT建筑，建造过程中会举办研究会，解决难题的同时不断丰富技术知识与经验。实验的数据也可用于日后的建筑，促进行业不断发展。成立当时还没有规定CLT的建筑基准法，所有的项目必须要认证实验，同时也会产生一定的费用。关于CLT的结构、设备等技术问题都需要技术人员的指导。所以请来县外的专家和技术人员，另外，县里给这些项目也提供了一定的资助作为实验经费。最初提出这种形式的是高知县森连会馆。在这个项目当中，首先请来我们县内的设计人员，条件是要参加CLT的学习会，然后设计者再提出自己的建议。或者是列出参加研讨会的设计人员名单，咨询CLT情况的客人来这里时就把这些人介绍给他们。在其他的项目中也一样，为能有一个日本全国都可参照的CLT建筑基准数据，我们把实验的数据提供给国土交通省、林业厅等政府机关。

2015年8月，高知县和冈山县真庭市一同设立了“用CLT实现地方创生领导联盟”，实现了在日本全国范围内可进行货物交易的目标。到2017年9月，共计有106位负责人、28个都道府县、78个市町村共同参加。每年都会邀请 Gerhard Schickhofer（CLT研究领域前沿的奥地利教授）来日本，与大家进行技术交流。

——今后采取何种对策扩大CLT需求量呢?

首先发展公共事业，然后考虑慢慢拓宽商业基础，因此，发动其用户也就是普通县民是非常必要的。

很多企业经营者参加经济同友会，所以我们与之签订了协议。同时也对民间团体提出建议，不管是县内还是县外，考虑将业务拓展至建设大楼以及公寓等中高层建筑的业务。

唤起以CLT为中心的木材需求

——怎样看今后木材、木质建筑的前景?

经过两个小时的高温耐火工序的木材具有极高的强度和耐火性，使得建造14层以下的中层木质建筑成为可能。2014年在日本修建的中高层大楼中约一成（2100栋）模拟了CLT作为建筑材料的建成效果实验。木质建筑将以怎样的方式给城市带来活力，

高知县森连会馆

设计：FUTSU合班
（铃江章宏建筑设计事务所+界设计室+○建筑事务所）
结构设计：HF设计　施工：岸之上公务店
所在地：高知县南国市

该项目是CLT促进协会以高知县内事务所为对象的初次尝试。作为促进其普及的第一步，认真思考“普通”的深刻含义，时刻以建造简洁、模范的建筑为目标。设计时期不了解CLT的基准强度，在主要的柱梁结构部分没有使用。根据木质轴组工法的住宅容许率应力设计标准，高强度墙壁、地面、屋顶使用了水平构面。

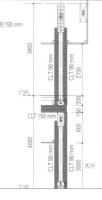

墙壁剖面图 比例尺 1:25

CLT作为结构材料

长廊。家具由CLT制成

墙壁由两面CLT中间夹方柱而成。CLT：t=90 mm　柱：t=150 mm

实现都市和地方的互惠共赢，是我们未来的一大课题。

考虑高知县今后的木材内需状况，正在重建福利设施以及市中心的低层建筑，还有针对低层的非住宅建筑，正在实施扩大木材需求量的政策措施，这两点是切实可行的。CLT在中高层木质建筑方面确实有优势，但是低层木质建筑全部用CLT建材的话成本太高。在这种情况下，一般木材也可发挥作用，可以进一步扩大对不同种类木材的需求量。ST柳町I商业街店铺重建项目便是一个很好的例子，还有秋田县的CLT桥梁、欧洲的高速公路的木质隔音墙，建筑工程中如何更好地利用木材是非常重要的。而且为保证及培养县内负责林业的人员，2018年4月林业大学正式开始办学。通过森林管理、林业技术、木造设计这三个课程，面向下一代建立一个崭新的平台。

关于木质产品的生产成本，现阶段进口木材与日本国产木材相比价格便宜。长远来看，向国外销售木材应该更有优势。例如，在亚洲的城市开发建筑，日本的房地产公司和承包土木建筑工程的大型综合建筑公司会加入，他们会提出完整的方案，考虑环境问题一般会选择木质建筑。但是很多亚洲国家国内种植林木较少，木材偏向进口。因此，不仅是高知县，如果把全日本的林业和日本先进的建筑技术和工法一起捆绑推向国外市场的话，一定会促进日本林业的发展。CLT就是将这一可能性扩大的积极因素，希望能形成不管是层积材还是一般木料都能充分得到利用的新体系。

（2017年10月5日于日本高知县。文字：日本新建筑社编辑部）

（翻译：程雪）

林业大学

设计　细木建筑研究所
结构设计　樱设计集团
施工　岸之上公务店
所在地　高知县香美市

左：在ONTOYO制材公司放置的木料/中：加工木板工厂一景/右：铭建工业加工一景

三张图片提供：高知县木材产业振兴科

在感受木料的过程中学习

高知县作为日本国内森林覆盖率最高的县，为培养林业、木质建筑业的优秀人才，开设了高知县立林业大学。这座建筑就是学校的新校舍。由五栋建筑物构成，分别是教室CLT楼、耐火楼、多功能自习室、日本传统轴组工法楼、存包室的顶盖楼，以及CLT自行车停放处。

CLT楼基本运用了木质轴组工法，高强度墙壁，房顶使用CLT。

日本传统工法楼中屋顶部分使用传统的贯工法。耐火楼用木质轴组强化的石膏板覆盖，让人看到建筑材料。使用了不同工法和材料的五个建筑物各具特色，是学生们最好的现实教材。学生们在生活中呼吸、触摸、感受木料，就算是随着时间的流逝，木材开始变色、开裂、损伤，学生们也能从中真正体会到不同木材的特性。

（细木淳/细木建筑研究所）

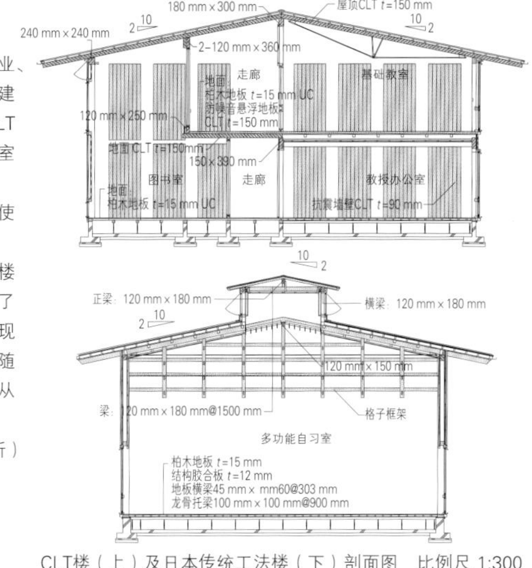

CLT楼（上）及日本传统工法楼（下）剖面图　比例尺 1:300

耐火楼走廊处用不同木材建造的墙壁

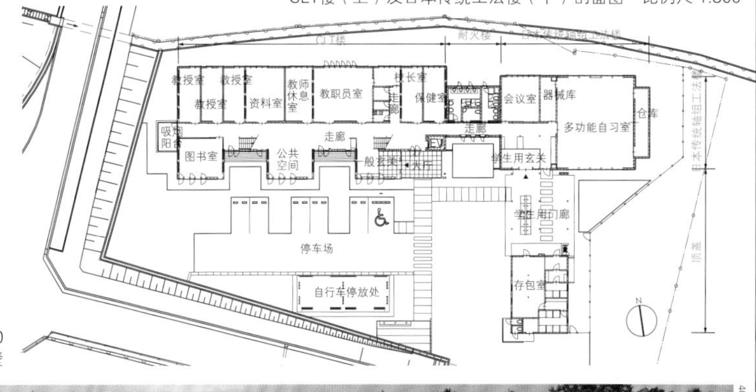

1层平面图　比例尺 1:800
红色部分为CLT墙壁

上：南侧外观。在包围高知县的茂密树林中进行林业实习/左下：屋顶为CLT的2层走廊/中下：1层的公共空间，2层为用CLT地板建造的无柱开放空间/右下：日本传统轴组工法结构。用干燥处理过的建材搭建

40-41页图片提供：日本新建筑社摄影部

ST柳町I、II

设计：建筑设计群 无垢
结构设计：樱设计集团
施工：大旺新洋
所在地：高知县高知市

在商业街修建的两栋低层店铺。3层建筑物是由CLT和柱梁组合而成的、框架结构的防火建筑。高强度墙壁由5张木板加工而成的CLT搭建，厚度为150 mm。地面层积材梁上搭建地板横梁，CLT铺设，厚度为90 mm。上下楼墙壁的接合处使用黏合剂，CLT内部有金属物。2层建筑使用了日本传统轴组工法，在高强度墙壁和屋顶面使用了单层木板。

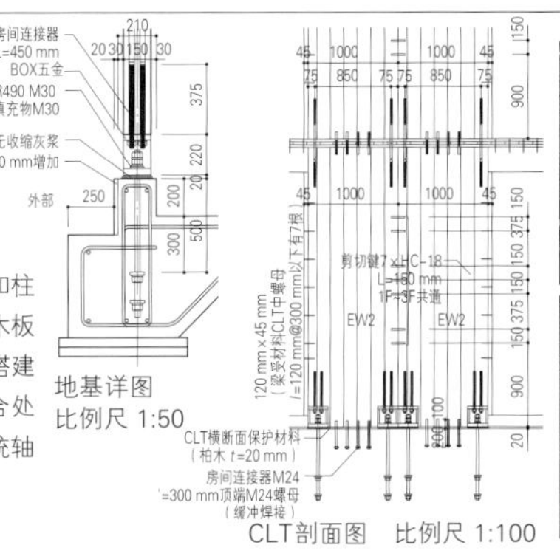

地基详图
比例尺 1:50

CLT剖面图　比例尺 1:100

CLT楼2层办公室

SWP楼的1层商店

搭建于商业街中心位置。1层一体互通。
左：CLT（I）
右：SWP（II）

国分寺FLAVERLIFE公司总部大楼

设计　八木敦司 +久原裕/STUDIO・久原・八木+ team Timberize

施工　住友林业

所在地　东京都国分寺市

FLAVERLIFE CO.,LTD. HEADQUARTERS BUILDING

architects: STUDIO-KUHARA-YAGI + TEAM TIMBERIZE

北侧道路上看到的全景。从国分寺站北出口步行1分钟即可到达FLAVERLIFE公司（主要经营天然香薰油）总部大楼，该大楼和附近的商铺、公寓并排而立。钢筋骨架结构的7层建筑，上面4层由钢铁和木材搭配的混合集成材组成，可有效耐火1小时。下面3层使用的是普通防火涂料，有效耐火时间为2小时（3层的耐火时间为3小时），由此，可明确了解该建筑的耐火性能。4~7层的柱、梁采用木质混合集成材，下面3层采用杉木百叶窗结构，使建筑在保持钢筋骨架结构的同时，也能在密集的都市中心成为一栋“木质建筑”，给人们带来别样感受

6层角落处，越过被落叶松集成材耐火覆盖的钢铁柱·梁，即可看见不远处的国分寺站。此次采用木材和钢铁混合的耐火集成材，其耐火性能体现在木材在开始燃烧的1小时内可防止钢铁温度过快上升，此外，木材和钢筋骨架之间存在一定空隙，空隙中的水蒸气可起到一定的灭火作用

设计：建筑：STUDIO・久原・八木+ team Timberize
结构：KAP
设备：安藤・间 设备设计部
施工：住友林业
用地面积：180.80 m^2
建筑面积：103.52 m^2
使用面积：605.70 m^2
层数：地上7层　阁楼1层
结构：钢筋骨架结构
工期：2016年10月—2017年7月
摄影：日本新建筑社摄影部（特别标注除外）
（项目说明详见第150页）

5层办公空间。各层设计方案最小范围的中心区域与阳台呈对角结构，尽可能将其设计成“标准且通用”的空间。桌子、窗边搁板等均采用杉木间伐材（产自宫崎县）制成的木质中空壁板

6层总务室看到的北面街景。6、7层的复合地板采用多摩产的杉木

都市木结构建筑的推广及应用

木结构建筑的推广及应用能有效发挥建筑在社会中的作用，并响应日本“林业再生”政策的号召。近年来，无论在政府还是民间，CLT都得到了广泛应用，但在都市里，其运用实例仍显不足。本项目意在打破“地产地销”局面，向“地产都销”的新方向进发。随着都市“均质化”发展，“千城一面”现象愈演愈烈，有“森林国”之称的日本希望能创造出不一样的都市景观，用木材给城市带来新的生机。

不论是位于繁华街道的高层建筑（耐火建筑），还是民营事业体，若木结构的使用不再受阻，那么，推广木质建筑便不是难事。若能解决施工难、成本高等问题，建造高层木质建筑便不再是梦。

短短一句话即可概括本项目的意义，即“在都市繁华街道内，简简单单地盖一栋木头做的大楼”。向那些行走在站前商业街的人们传递一种信息，那就是在高楼林立的繁华都市里，建一栋造型新颖、规模宏大的木结构建筑已从理想变成了现实。

“木造”字面意思为“木头造的”，一般意义上可解释为“木结构房屋”。在这个各类技术（运用木材方面）竞相迸发的时代，建筑结构已不必限定某种类型。例如，本项目中采用的混合耐火集成材具有优良的耐火性能，火灾发生时，木材在最初的1小时内可防止钢铁温度过快上升，此外，木材和钢筋骨架之间存在一定空隙，空隙中的水蒸气可起到一定的灭火作用。这一技术的“主角”是木材，已超越了单纯耐火层的概念。简直就是一栋“木头造，木头守”的建筑。

在其他建筑案例中，有些建筑主体结构是钢筋骨架，只有屋顶采用木结构，换言之，建筑中心区域采用钢筋混凝土，以解决结构及耐火等问题，其他部分采用木结构。在国外建筑中，高层建筑主要采用木结构是很难办到的，在地震频发的日本更自不待言。在规模宏大、楼层较高的高层建筑领域，探寻纯粹的木质结构实属难事。认可“钢筋混凝土为辅，木材为主”施工方法的人群，更容易理解这类建筑的设计理念和价值。也就是说，必须以“混合体=异质混合”的眼光看待这类建筑。

“混合体”在汽车行业里被广泛运用。如今，技术研发不断带来新变化，电动汽车问世，搭载自动驾驶技术的智能汽车层出不穷，“混合体”汽车向市场展示了其独特的价值。建筑行业里，“混合体”思想也起着重要作用，以既有技术为基础，融入“环境保护”新理念，在确保安全性和可靠性的同时，逐渐向社会注入新的价值观。

国分寺FLAVERLIFE公司总部大楼——推广混合体结构的新模型

从国分寺站北出口步行1分钟，即可看见坐落于商业街中心的7层木质混合建筑。1~3层为纯钢筋骨架结构，采用普通防火涂料（有效耐火2小时），4~7层采用木质混合集成材（有效耐火1小时），为提升木质高楼的推广速度，将本项目定位成“推广模型”。以往木质混合集成材的使用案例中，建筑楼层从未超过5层（1层钢筋混凝土），纯钢筋混凝土结构的情况也未曾出现。纯钢筋混凝土结构，在建筑结构上而言是一种十分明智的方法，但迄今为止尚未实现。STUDIO・久原・八木事务所在 team Timberize 的协同帮助下，就边界部分耐火问题进行探讨，通过耐火性能验证实验，使这一理想中的结构体变成现实。

作为“推广模型”，如何使施工简易化、成本合理化是重要的研究课题。为解决这些问题，钢筋骨架接合部位采用无支架施工法，简化集成材工厂的生产工序，提高搬运效率，降低施工成本。此外，由于同一楼层内混合使用木质集成材和普通防火涂料是否会影响其耐火性能的问题尚不明确，对此进行了耐火性能实验，实验结果显示，只要上面4层是附有混合体的纯钢筋骨架结构，那么不管建几层大楼都可以成为现实。

降低成本，简化施工。由于设计简易化、标准化，不论何地，不管何人，都能毫不费力地建造起木质高楼。我们追求的不是“新”，而是“标准”。既要开发新技术，也要改良已有技术，成为适应市场需求的新模型，与其说这是技术人员的责任，不如说是设计者、施工者的担当。

（八木敦司 +久原裕）

（翻译：汪茜）

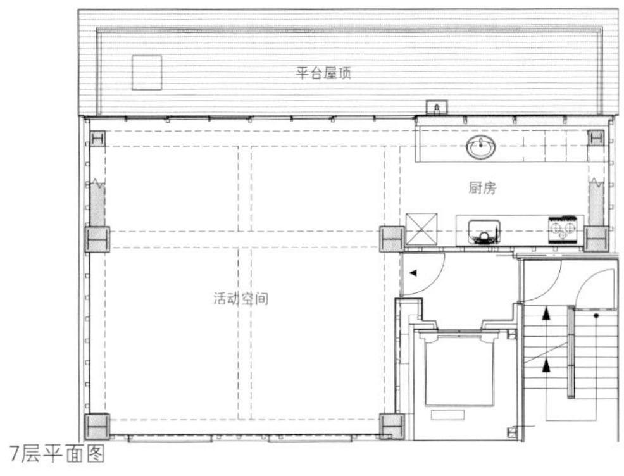

7层平面图

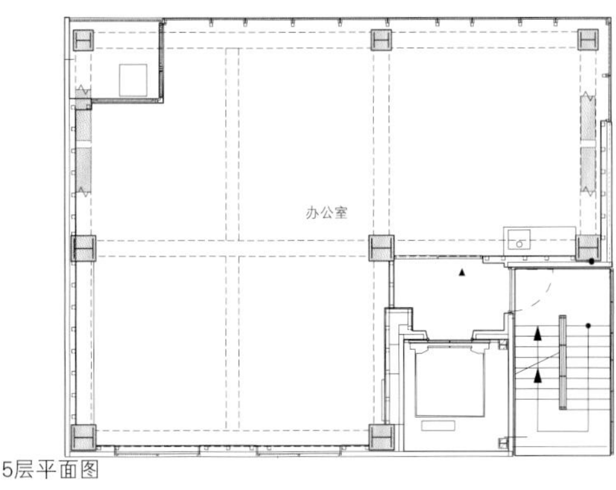

5层平面图

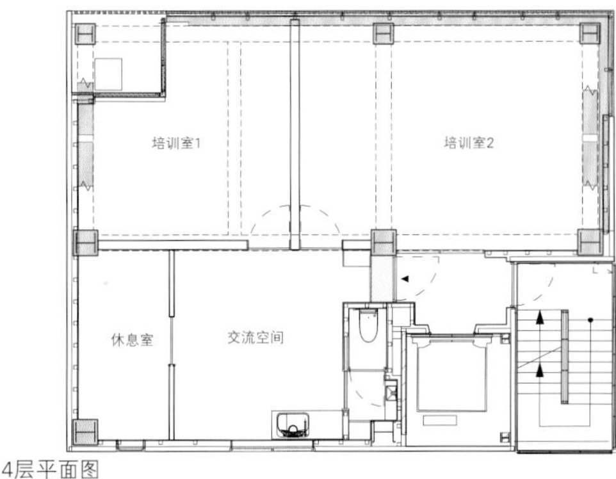

4层平面图

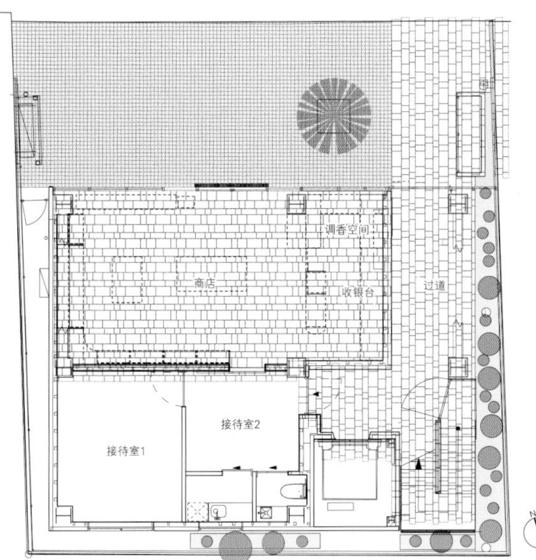

1层平面图　比例尺1:200

上：面朝街道的7层阳台。活动空间通常被职员们当作休息室使用/中：1层店铺/下：下层外观近景，木质百叶窗选用产自多摩的杉木

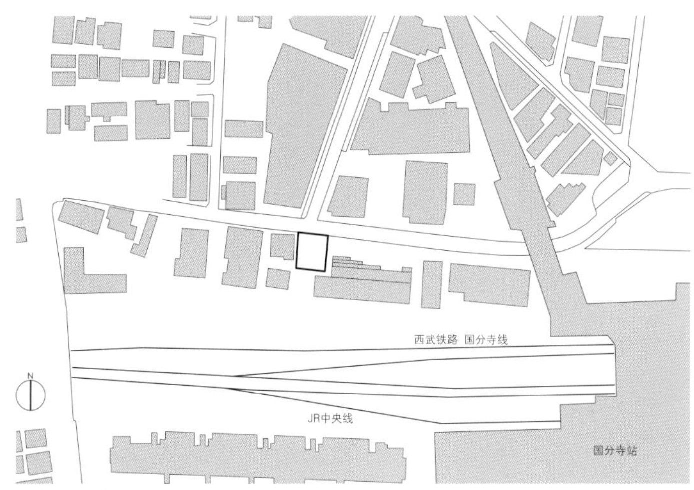

区域图　比例尺1:3000

两张图片提供：STUDIO・久原・八木

左：无支架接合部位，集成材横切面用增强石膏板覆盖/右：将已加工的集成材插入H形钢，用间苯二酚黏合剂黏合

★选择木质的理由：建筑用地虽位于城市中心，但委托人希望建造一栋"木结构大楼"。
★材料：木质混合集成材：落叶松集成材
外部装饰百叶窗、复合地板：杉木
★生产・流通：集成材　供给：长野县、北海道部分地区
加工：石川县　杉木　组装・施工：东京都多摩
★施工方法：1小时耐火结构部位的柱、梁、拉条采用木质混合集成材（日本集成材工业协同组合）
★用地条件：城市计划区域内　防火地区
★用途：事务所
★耐火性能：1~3层　2小时耐火结构（只有3层的耐火层为3小时耐火结构）　4~7层　1小时耐火结构
★补助金：平成27年度可持续建筑先导事业（木结构先导型）

耐火性能验证试验

7层钢筋骨架结构建筑，法律规定，1~3层应为2小时耐火结构，4~7层为1小时耐火结构。此次，4~7层的柱、梁采用木质混合集成材，右图A–C等接合部位在耐火性能上有所考量，通过加热试验对其进行验证。

A：1小时耐火结构柱・梁和斜支柱的接合处
B：2小时耐火结构柱・梁和1小时耐火结构地面・柱的接合处
C：不同种类耐火层的1小时耐火结构梁和柱的接合处

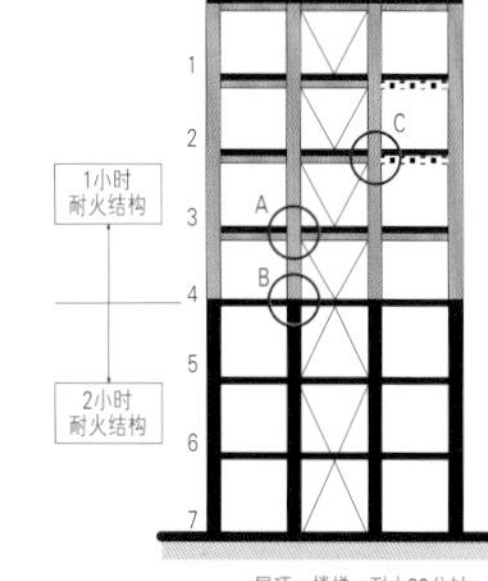

图片提供：STUDIO・久原・八木

左：加热实验后的A接合部试验体/右：加热实验图

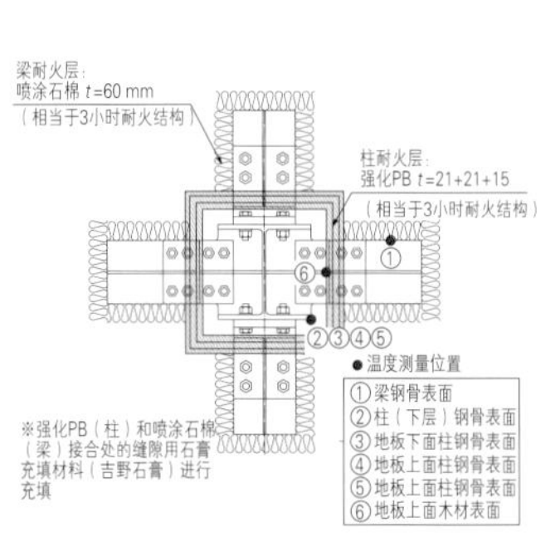

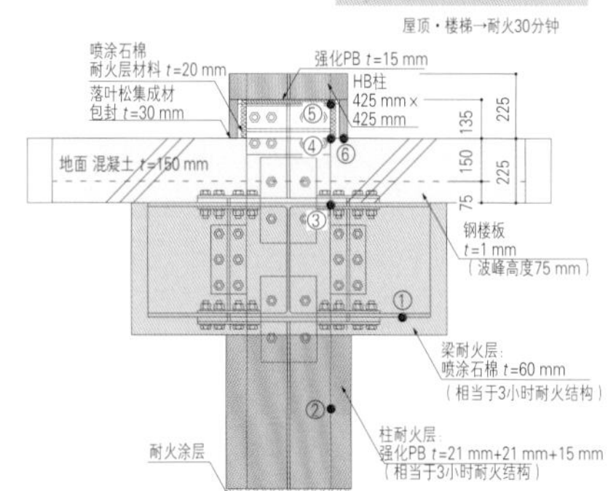

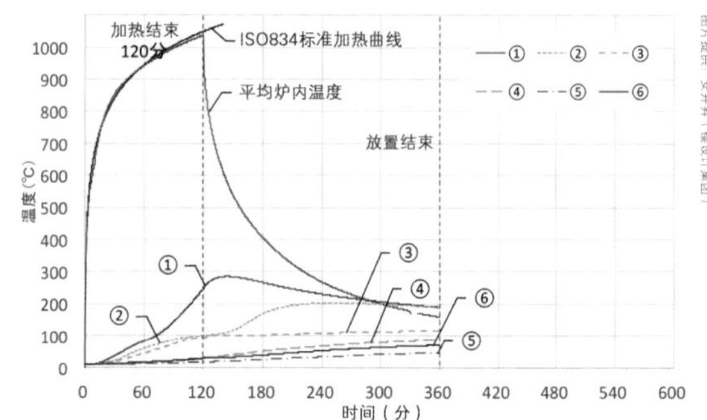

B接合部位的试验体平面、立面。加热2小时后，木质混合集成材柱的钢骨温度（曲线图④、⑤）未超过100℃；对下层2小时耐火结构部位进行加热，未对上层1小时耐火结构造成破坏，下层梁・柱的耐火层相当于3小时耐火结构，可有效抑制下层钢骨温度上升。150 mm厚的混凝土地板可有效抑制热传导，控制上层钢骨温度

两张图片提供：STUDIO・久原・八木

左：施工图，在核对木质混合集成材和钢铁厂生产的柱、梁构件材料（H钢）的形状后，集成材工厂对集成材进行加工、组装，再将其运至施工现场/右：左侧被木质混合集成材覆盖，右侧通过喷涂石棉形成耐火层，只将必要部位木质化，节约成本

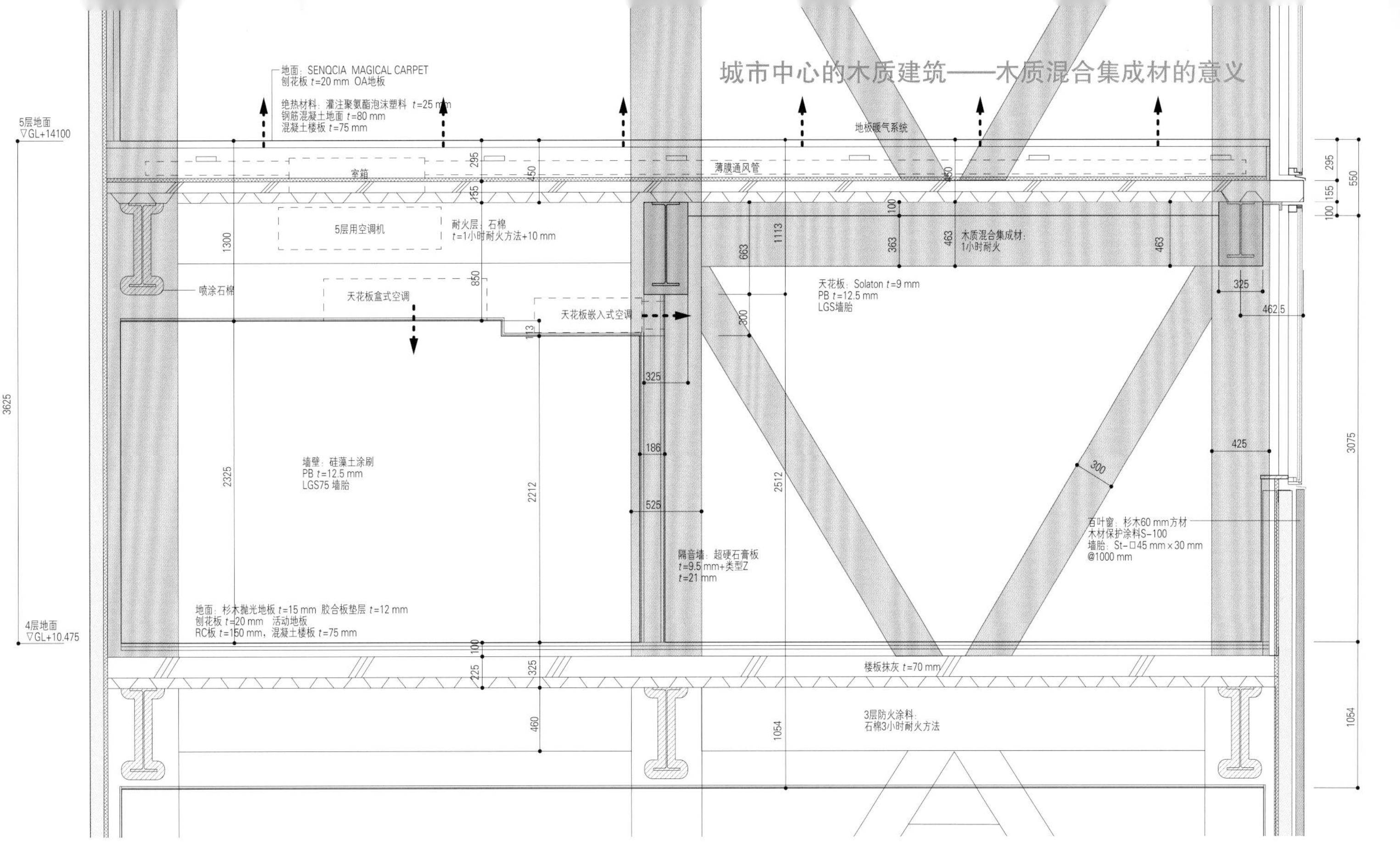

剖面详图　比例尺1:50　由于同一楼层中混合集成材和石棉喷涂等耐火层的混合使用，使房梁凸显出来，房梁凸显后造成的不可用空间中安装空调等设备

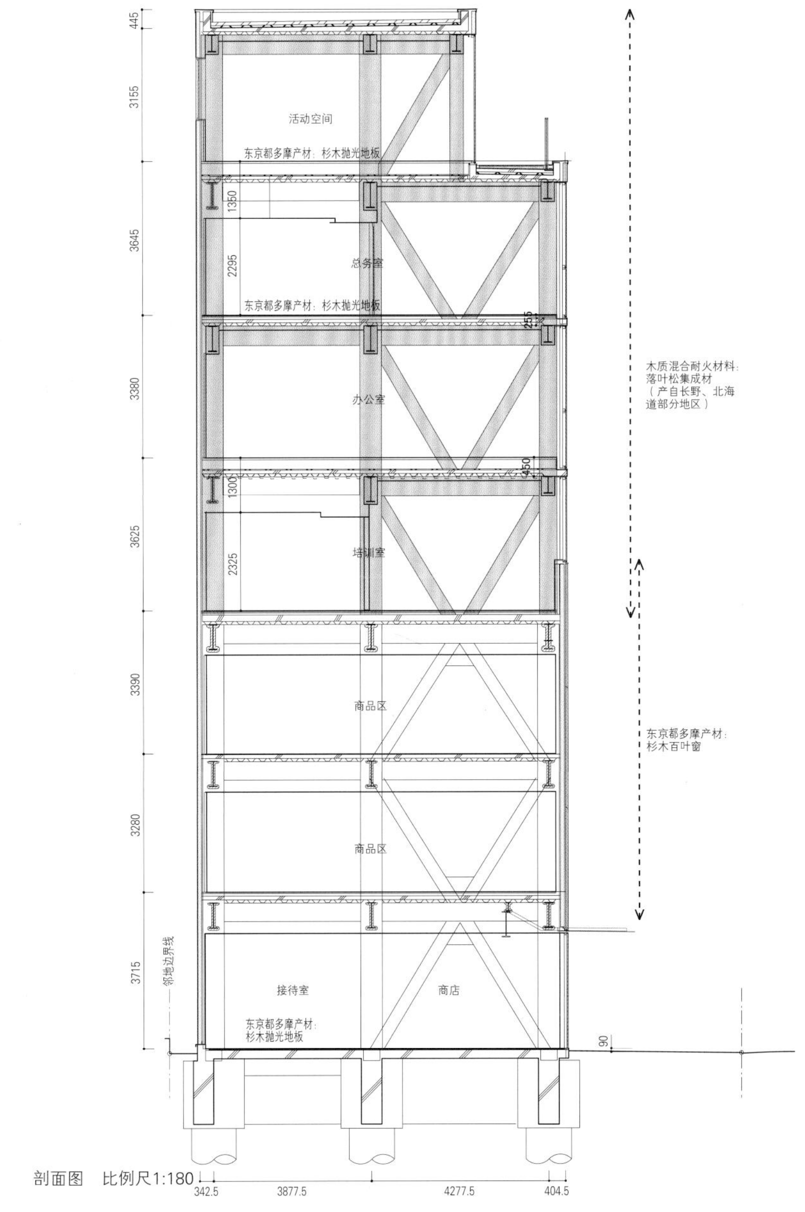

剖面图　比例尺1:180

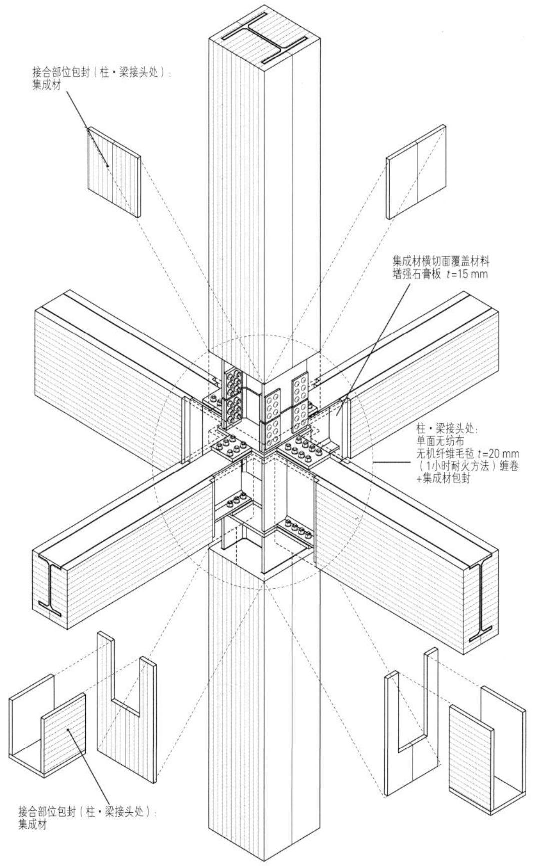

无支架接合部位图

接合部位现场施工图。将薄膜状的耐热石棉涂层缠绕后，覆盖30 mm的集成材厚板，通过无支架施工方法，可以将复杂的梁、柱接头部在施工现场进行覆盖，由此减少工厂制作时间

图片提供：STUDIO・久原・八木

桃浦之乡

整体企划　筑波大学贝岛桃代研究室+佐藤布武研究室

设计　Atelier Bow-Wow（主建筑）　Dot Architects（三角庵）　Satokura Architects（炭庵）

施工　后藤建筑

所在地　宫城县石卷市

MOMONOURA VILLAGE

master planner: MOMOYO KAIJIMA LAB. + NOBUTAKE SATO LAB / UNIVERSITY OF TSUKUBA

architects: ATELIER BOW-WOW + DOT ARCHITECTS + SATOKURA ARCHITECTS

露营用地视角。牡鹿渔夫学校的人员和当地居民共同参与的一个项目。他们充分利用山脚梯田地形建成简易住房。炭庵（右）、三角庵（中）是两栋小型住房，主建筑是左边的一排房屋。其中两栋小型房屋由当地产的杉木制成

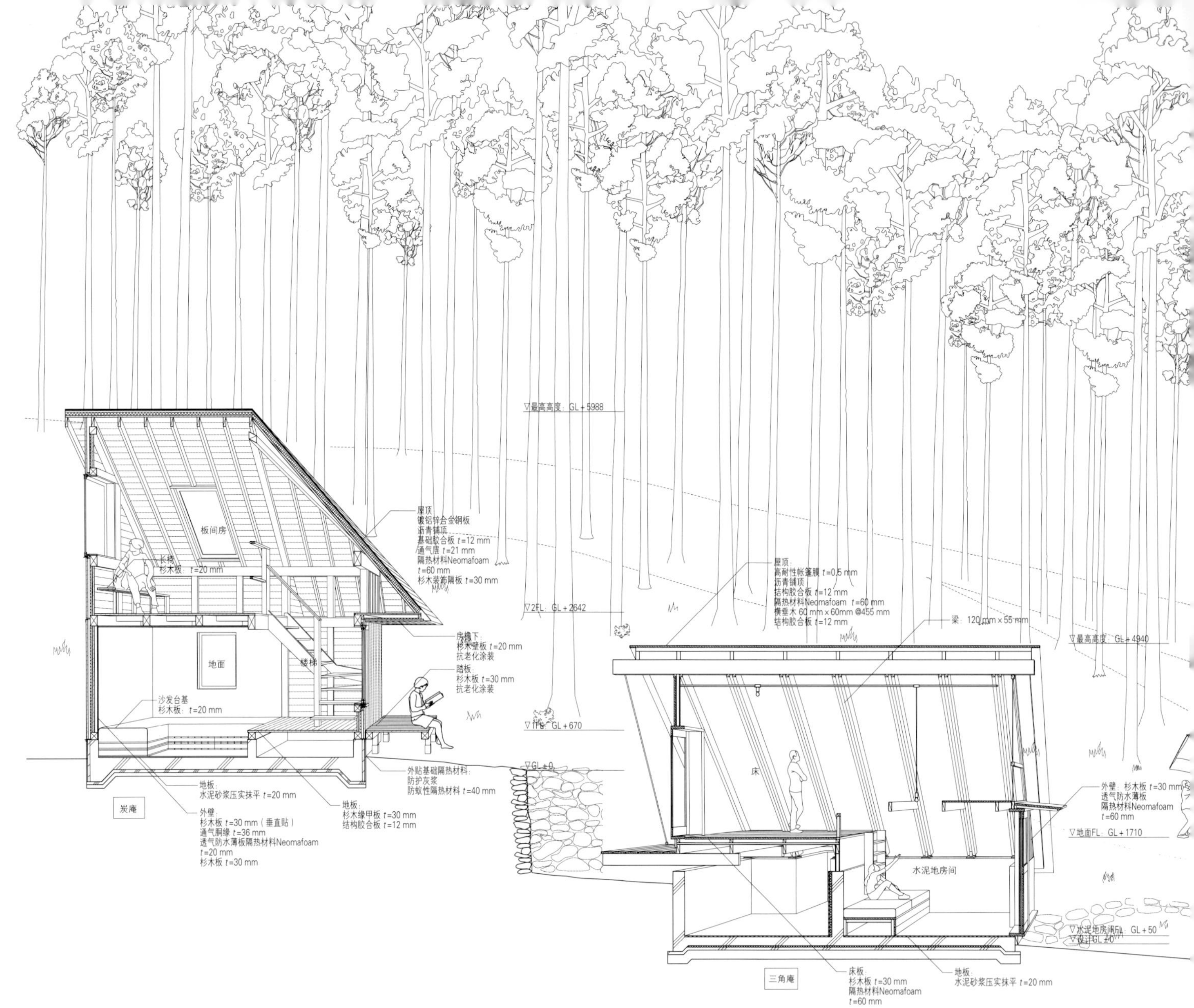

剖面图 比例尺 1:100

寻求21世纪的渔村风景

海啸与村庄2017

民俗学者山口弥一郎《海啸与村庄》（1943年）一书，把1933年（昭和8年）遭受海啸灾害的村庄重建景象与明治三陆大海啸（1896年）进行比较，并做了记录。他探访了三陆沿岸的石卷到八户等地区，在了解村落复兴再建工程选址过程的同时，还记述了关于海啸灾害的故事以及如何减少灾害等相关事宜。2016年夏天，我们一行探访了当年山口学者走过的路线，确认了书中所写以及海啸的灾害遗迹，还看到巨大的防波堤、海滨、连接高海拔搬迁地的公路以及开山搬迁的工程队的成排房屋等。本次的渔村再建工程和明治、昭和年间居民复兴渔村项目在规模上完全不同。本次的重建结合现代技术、交通手段等，渔村正在悄悄发生改变。

ArchiAid（建筑师灾害救助行动）和未来海滨构想图

初次到访桃浦时是2011年7月，正是ArchiAid举办时期。关于复兴的事宜询问了居民的看法，还做了意向调查。过去的桃浦是由62户、共计147口人组成的村落，那时牡蛎养殖还非常繁盛。几乎每家都建在地势较低的平地上，但是，在东日本大地震引发的海啸中一切都消失不见了。在筑波大学贝岛研究室的调查期间，我们和居民代表一起去考察海拔较高的搬迁用地。走在腹地的山间小路上，发现有很多梅树、樱花树、栗子树以及其他树种，并且在乱石中还长着很多杉树。据当地人说这里原来是金华山古道，也是学生们的上学路线。为复兴建设该地，考察过后向石卷市提出了多种方案——有效利用梯田地形建设住宅区、规划古道开发旅游线路、为世代可持续发展兴办渔夫学校、建设观光游艇港等，对海滨的未来做了具体构想。

从牡鹿渔夫学校到艺术节

遭受到海啸灾害的平地区域已经成为危险用地并且禁止人们建造住房，但向高海拔区域搬迁的建设项目却迟迟没有落实。2013年春天，回归人口明显减少，就在这一年，以甲谷强区长为首的建设海滨实行委员会正式成立。从夏天开始作为居民活动的一项，当地的渔夫和居民亲自当教师，牡鹿渔夫学校正式运行。主要的课题还是渔业，但为吸引更多新居民和流动人口，主题涉及海滨建设、饮食、大山等与该地居民生活息息相关的内容。在四年当中，参加者共有50多名，其中有三名正式成为渔夫。第七次活动以“从海到山建设海滨——山地开发”为主题，渔夫学校的参加者和居民一同讨论出要充分利用山麓梯田规划野营用地的计划，也

主建筑厨房看向桃浦湾

就是“桃浦之乡”企划的草案。那时ap bank的小林武史正在石卷市周边策划艺术节事宜，他对此方案给予了积极评价。于是，为了整个构想的最终实现，桃浦居民、ap bank、筑波大学开始合作。

人、物、技术构筑的海滨建设

山上的梯田搬迁区域在20世纪60年代种植着很多杉树，这片地区为世代居住的村民所有。开发建设该区域，我们计划将其打造成居民和观光游客的交流对话中心。位于中央的是主建筑，后方为小型住房，周边是露营场地，把停车场规划在公路沿线。为了让更多年轻建筑师参与进来，小型住房第1期（承包方：Dot Architects和Satokura Architects）和第2期（承包方：403 architecture和能作文德）交由他们负责。另外该区域内树龄达到60年的杉树方可采伐，树木的采伐工作由石卷森林工会负责。从南三陆、波传的森山学校请来讲师，帮助普通参加者协同工作。主建筑主要由当地土木工程公司负责，小型住房由RAF夏季讲习会的参加者在本地土木工程公司的帮助下自行修建。

许多技巧与经验融合在“桃浦之乡”的建设当中，相信参与项目的人员都能从中感受到生活的智慧。桃浦人口不断减少，不仅要对其资源进行再评价，同时要和外部资源相对接建造新型海滨渔村。不仅是渔业，山上树木的采伐、道路梯田的重新规划、小型住房的持续建设都在整体企划当中。整个工程不是短时间内可以完成的，但是，相信在不久的将来，大家能看到一个不一样的渔村风景。

（塚本由晴+贝岛桃代）

（翻译：程雪）

整体企划：筑波大学贝岛桃代研究室+佐藤布武研究室

设计：建筑：Atelier Bow-Wow （主建筑）
Dot Architects+后藤建业（三角庵）
后藤建业+ Satokura Architects （炭庵）

结构：金箱结构设计事务所（主建筑）
片冈构造（三角庵）
铃木一希（炭庵）

施工：后藤建业（主建筑）
Dot Architects+后藤建业（三角庵）
后藤建业+Satokura Architects（炭庵）

用地面积：1404.97 m^2

建筑面积：主建筑：113.32 m^2/三角庵：16.88 m^2 / 炭庵：13.17 m^2

使用面积：主建筑：99.37 m^2 / 三角庵：14.01 m^2 / 炭庵：21.53 m^2

层数：主建筑、炭庵：地上1层
三角庵：地上2层

结构：木质结构

工期：2017年6月—8月

摄影：日本新建筑社摄影部（特别标注除外）

（项目说明详见151页）

主建筑

设计　Atelier Bow-Wow
施工　后藤建业

融入渔夫生活的共享地

住宿的客人可以共享这里的厨房、卫生间和浴室。将以前渔夫生活习惯也纳入考量，对原来牡鹿半岛的渔夫住宅“三间房”——“茶室”“神之间”“（铺着席子的日本式）客厅”进行改造，变成办公室、简易售货亭、厨房、日式房间1、日式房间2几部分。地炉换气口的“天窗”同时也是厨房窗户，“檐廊”也是玄关台，“院子”也是通向卫生间的路，多样设计构成山上四通八达的交通。材料使用了县产的木材预制组件，建筑方法使用了日本传统木造构法。玄关台的支柱用的是该地直接采伐的杉木。浴盆最初想使用当地杉木，但是由于材料不足最后只在内壁使用。浴室瓷砖选用了桃花色。

（贝岛桃代）

从南侧看向主建筑

西南方向景观。左边炭庵，右边三角庵。原来是梯田地，如今焕然一新

厨房和日式房间相连。拉开隔扇便形成一个大会客厅，关上便形成独立空间，里侧日式房间也可用作客房。露台边缘可用作通道

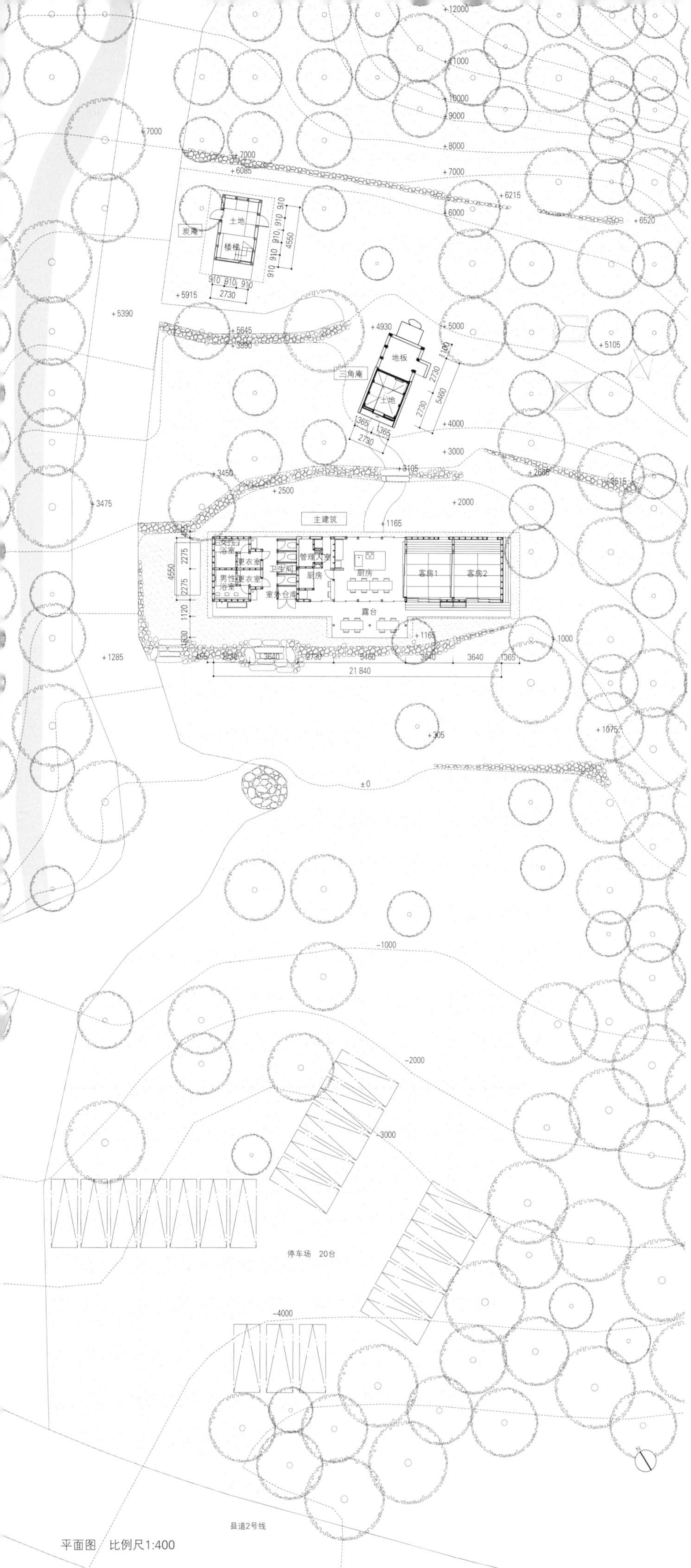

平面图 比例尺1:400

左：东北向主建筑卫生间/右：主建筑浴室，墙壁、地板瓷砖由马赛克瓷砖博物馆提供

403architects团队小型住房第2期设计方案“扇柱庵”

能作文德建筑设计事务所小型住房第2期设计方案“炎邻庵”

★选择木质的理由：

三陆沿岸地区的渔村腹地有很多杉树，自然条件得天独厚。但是从现在的产业结构来看，这些杉树作为建筑材料没有充分发挥其作用。本次的项目就地取材，实现地域资源的合理利用，构筑了地域资源网络。

★材料：

主建筑：红松、侧柏、杉树

三角庵、炭庵：清洁型杉木材

★生产・流通：

主建筑建材购入：Green Houser（宫城县）

主建筑建材加工：POLUS-TEC东北（宫城县）

小型住房木材砍伐：石卷森林组合，桃浦之乡

小型住房木材加工：登米森林组合（宫城县）

★施工方法：

木质轴组工法（主建筑、三角庵）

板仓构法（炭庵）

★用途：简易住宿场所

三角庵（小型住房第1期）

设计　Dot Architects
施工　Dot Architects+后藤建业

三角庵东北视角。通过窗户可以看到主建筑和海景。门前设置的踏板由大梁吊下

炭庵（小型住房第1期）

设计　satokura architects
施工　后藤建业+satokura architects

东面视角——炭庵（左）、三角庵（右）。炭庵的外壁由夏季讲学的参加者用烧杉板制作而成。南侧窗前设有檐廊

就地取材简单建造（三角庵）

就地采伐区域内树木作为三角庵的建筑材料。这个项目融合了现代的建筑思想，与以往传统的工程项目有很大不同。夏季讲学会的参加者共同合作建造了这所房子，有别样的意义。最初考虑周围是露营用地，突发奇想建造一幢帐篷形状的小房子。计划用地因为是斜坡，首先做一个腰高程度的混凝土基础，在其上搭建倾斜面较大的木质屋顶。内部空间依照高低不同的地势形成水平面不同的两层地面，上下两层最多可容纳四人住宿。水平面较高的地板下面设置了置物空间，可以放一些柴火、工具等方便野外活动。未来的某一天还可以回到这里住宿，计划在房顶上设置装晒鱼干的小棚或者是在某处安一个鸡舍。看那抬眼可见的海洋，虽与故乡神户的海不同，却别有一番风味。

（家成俊胜/Dot Architects）

三角庵中的第2层床铺。基台高约1.2 m，其上架有120 mm × 55 mm坡度较大的人字形屋顶，结构简单

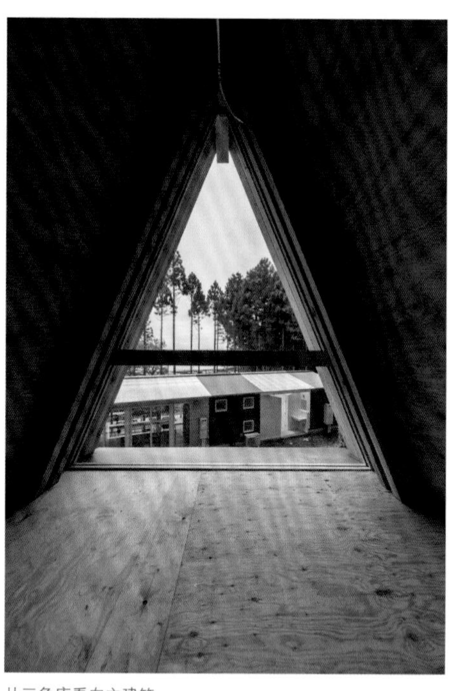

从三角庵看向主建筑

过程1：就地采伐杉树作为建筑材料

三张图片提供：筑波大学贝岛桃代研究室+佐藤布武研究室

左、右上：采伐建筑用地内杉树的景象。在森山学校的指导帮助下采伐/右下：加工后的杉木，用于三角庵、炭庵

传承土地记忆（炭庵）

大约60年前，这片土地刚刚种植杉树的时候，附近还可以看到烧柴火的飞烟。人们生活的声音、小孩子嬉闹的声音回荡在这里，大家称这里为“里山”。到了杉木采伐适龄期的现在，和大家一起用这里的树木搭建成建筑，被人渐渐忘却的里山将迎来崭新的面貌。

炭庵采用了板仓构法，屋顶、墙壁和地板使用了杉木板材。外墙使用了具有防虫效果和防腐效果的烧杉木。用就地取材的杉木搭建的房屋，材料的简易性使得非专业者也可参与进来。从烧柴火流动上升的飞烟获得灵感，设计了层层向上的内部空间。具有高低差的内部空间，夏季会向室内吹入从海洋来的季风，冬季从地面发出的热量则会温暖整个屋子。人的五感都能感受到小小炭庵带来的温暖，越来越丰富的渔村文化生活将给里山带来新的活力。

（佐藤布武/Satokura Architects）

从炭庵2层看向1层。长椅和檐廊相连

从炭庵楼梯向下看。右上方是板间，下方是水泥地房间，整个房间布局呈阶梯式。柱子之间安装有30 mm的杉木板，建筑方法上使用了板仓构法

过程2：夏季讲习会的参加者合力修建（上：三角庵，下：炭庵）

七张图片提供：筑波大学贝岛桃代研究室+佐藤布武研究室

上：三角庵施工图。从左往右依次是：屋顶房梁的搭建方法、用螺栓固定房梁、先安装屋顶隔板之后架横缘，顶部大梁240 mm × 90 mm/下：炭庵施工图。柱子之间装入杉木板、搭建椽子、烧杉板的制作。杉木板构成如图所示的立体形状，火苗放置在中间空心处

对话：创造“生活之术”共享场所的方法

小林武史（音乐制作人，一般社团法人ap bank 代表理事）
贝岛桃代（建筑学家，牡鹿渔夫学校事务局长）

图片提供：日本新建筑社摄影部

正在对话的小林武史（左）和贝岛桃代（右）

桃浦艺术之村的目标

——首先能请两位讲一讲在“桃浦之乡”共同合作的契机吗？

贝岛桃代（以下简称为“贝岛”） 东日本大地震发生之后，一群建筑师们为复兴与重建受灾地成立了ArchiAid，特别围绕石卷市牡鹿半岛的海滨展开活动。共有15所大学参与支援与复兴建设，对象是28个海滨地区。我的研究室（筑波大学贝岛桃代研究室）主要负责的是桃浦地区。在活动的开展过程中，得知小林在附近的石卷市参与支援项目，我们两个的项目活动恰有重合之处，就去拜访了，这应该算是契机吧。我们谈论了一些在桃浦的活动，小林对牡鹿渔夫学校特别感兴趣，我对这个还有很深的印象。渔夫学校的这种前人经验传授给后人的形式，小林非常喜欢。音乐可以直击人的心灵，我想可能是因为小林通过音乐的陶冶感受到的音乐共享和这个有相似之处吧。

小林武史（以下简称为“小林”） ap bank是樱井和寿（Mr.Children）、坂本龙一和我在2003年共同出资建立的公司。我们一直致力于对环境保护项目的投资，而且为今后社会的可持续发展举行了各种各样的活动。东日本大地震和福岛核电站事故发生后，我发现仅仅依靠国家的力量是不够的，我们个人和组织可以从小处开始做起。去受灾地煮饭赈灾、派遣志愿者、举办音乐节等，活动的收益全部用于灾后复兴相关的支援活动上。这种深入当地感受当地生活的志愿活动，给了我之后的项目很多启发，带着这样的想法寻找接下来的新领域去挑战。例如，针对受灾地中出现的各种问题，派遣专门人才，“好帮手派遣项目”便是其中的一个。

今年，在石卷、牡鹿半岛为舞台举办的以“艺术”“音乐”“美食”为主题的节日“Reborn-Art Festival”，就是在和贝岛见面之后立刻决定的。我们正在计划下一阶段的活动，时间上正好和贝岛他们的ArchiAid的复兴支援活动中的一个项目时间一致，就是渔夫学校的兴办。像渔夫学校这样智慧与实践结合的尝试，以及Reborn-Art Festival的举办，我想可以让人们真实地体验“生存之术”。

——把桃浦定位成一个怎样的地方？

小林 在Reborn-Art Festival上，牡鹿村庄和桃浦村庄正式成立。牡鹿作为该节日的主办地，比桃浦的地位更高，该节日会在该地持续举办。说道桃浦，这里有很多重要的关系网存在。比如说甲谷强区长的个人魅力，贝岛你们一行人与这里居民的多年交际，还有以渔夫学校的举办为契机从东京来出差的土桥刚的关系等。因此，不用纠结Reborn-Art Festival的日期，桃浦就围绕地域展开活动就可以。

贝岛 桃浦在牡鹿半岛占地相对较大，以前以养牡蛎为主，是一个繁华的海滨。地震灾害前这里长期居住着62户人家，共147人。在经历地震灾害以及复兴过程之后，人口加速减少且老龄化加剧，最后只剩下17人。距离上次的地震已经过了好多年，如今的现实是，避难的人们已经习惯了现在的新生活，很少有人会想着迁回这里，再这样下去这里的人口只会寥寥无几。为了海滨村庄的将来，需要吸引外来力量，当时甲谷强区长提议说可以开办渔夫学校，这就是牡鹿渔夫学校的建立契机。在我们贝岛研究室负责事务局的工作期间，在摸索学校运营方法的过程中，发现要想吸引外来人口，不仅要教授渔业知识，更重要的是让他们了解这片土地。渔夫们的饭桌可以感受到季节的变迁，食材是应季的，这些都是大自然的馈赠。在这里生活的话，你需要懂得如何获取食物，以及学会美食的烹调方法。

另外，有四条支流汇入桃浦的海，以海为生的渔夫以前还管理着周围的山。但是由于渔业产业化、居民高龄化等因素，只靠海洋的馈赠就能满足自己的生活，于是人们渐渐远离了山，那里已经是一种无人管理的荒废状态。了解环境全体的关系之后，我们得出一个结论——“交流”至关重要，即山和海的“交流”、人与人的交流等。我想小林你的Reborn-Art Festival不是单一的单调的节日，而是一个和美食、音乐等各个领域相联系的活动，这也和交流思想不谋而合。

小林 是的，确实如此。加强年轻人之间的交流，将事业世世代代传递下去，我认为这才是重中之重。当然并不意味着只要有年轻人来这里就大功告成了，可能会与当地居民产生种种摩擦，但这也是意料之中的事情。复兴项目不仅是过去的再现，更重要的是创造美好未来。当然作为最终目标，形成循环状态不断促进交流也不失为一个好的结果。Reborn-Art Festival举办之际，受灾地也有一些负面的声音，有些人表示举办庆祝活动还为时过早。但是我们认为正因为是焕然一新的牡鹿半岛，这里一定会发生一些有趣的、给当地带来积极影响的事情。让民众充满好奇、期待未来，从而迸发活力。

地域拥有的价值

贝岛 建筑的价值经常是和建筑用地相联系的。从这方面看来音乐在一定程度上可以说是很自由的。因此，这次关于牡鹿和桃浦的建设，小林特别积极的态度给了我很深刻的印象。关于这一点你有什么看法呢？

小林 这些年，音乐不断向数字化趋势发展，不像以前信息滞后，现在我们随时可以与世界共享信息。这有它积极的一面，但是也会产生新的摩擦或是共鸣。在城市，修建一个东西，只要有足够的材料和人力，完成度都很高。但是从另一方面看，人们很难感受到在受灾地这种一期一会，或者是与村民交流的感觉。地方资源有限，也正因如此才需要开动脑筋凝练智慧。在一个地方建造房屋举办活动，可能会孕育出新的可能性。受灾地失去了很多东西，我想我们需要创造出更多的使人产生共鸣的东西。

贝岛 实际上在那里生活一段时间，就会发现桃浦有山有海的丰富地形和居民的生活密切相关，只有

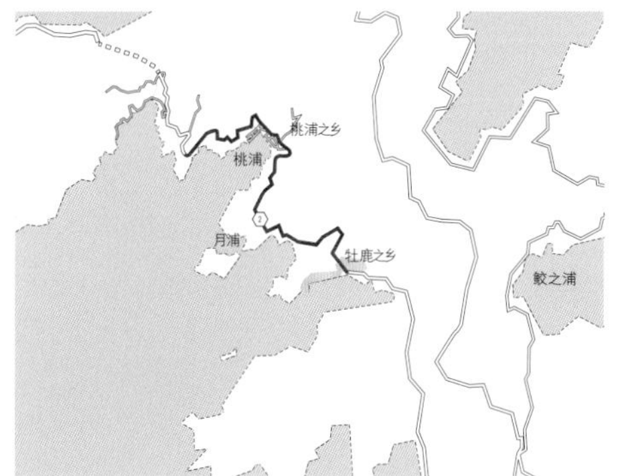

地图（牡鹿之乡与桃浦之乡的位置关系）

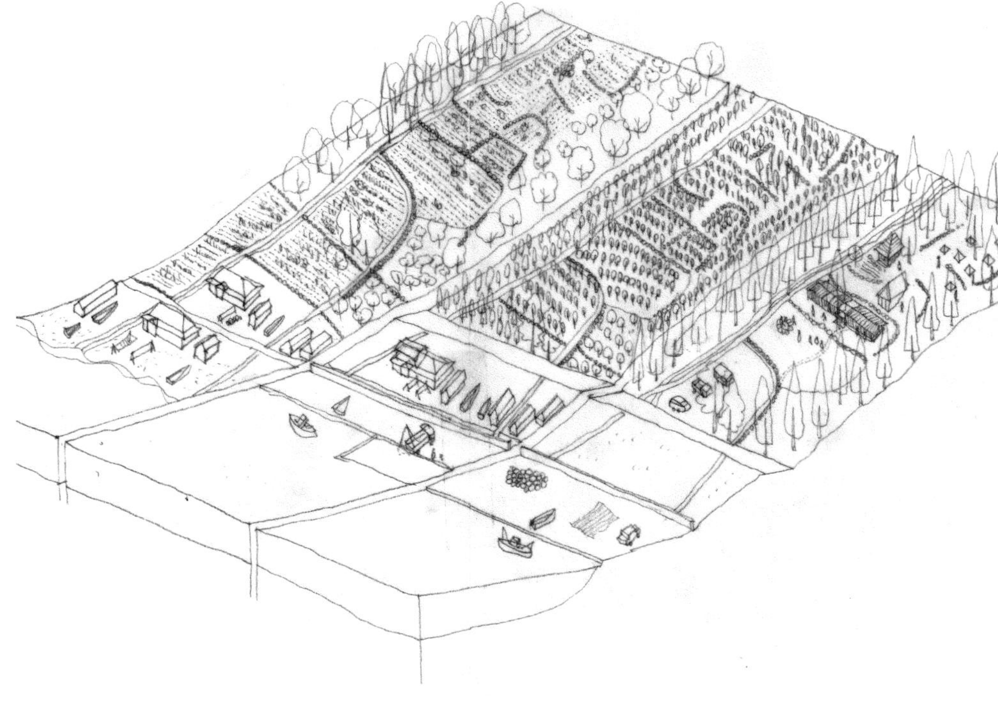
桃浦风景变迁。沙滩海岸，20世纪40年代，湿地附近梯田上种植薪炭林（左）。20世纪60年代，TIRI海啸后继续种植杉树（中）。杉木林采伐结束后，2017年，桃浦之乡建设完成（右）

那里的自然才会孕育出这种特性。

小林　在木更津我还经营着一家农场，可能正是因为远离都市才允许这种自然的多样性。但是一旦和城市相关，就会要求均一性、均等性。如果胡萝卜在市场上流通，形状独特的就会被排斥，但话又说回来，也有人专挑奇形怪状有特征的蔬菜。因此，我们事先并不知道会孕育怎样的价值，当前只能是先培养。用自己的爱浇灌着这片土地，这种行为本身就是能使人感到快乐。它会给你的生命以回馈，这听起来不像是一件简单的事情。但是相信只要坚持，一定会有新的东西出现。希望这种想法做法能在桃浦结出果实，给日本的各个村庄带去有益借鉴。

贝岛　还有渔夫们的个性都很鲜明。在和大自然的日常交流中，获得了大海何时暴怒、鱼儿何时上钩的知识和技能，这些东西在他们的体内蕴藏着。他们是值得尊敬的，这些精神作为后辈的我们应如何继承，如何传给下一代，这也值得我们去思考。

（2017年10月7日于东京都。文字：日本新建筑社编辑部）

五张图片提供：筑波大学贝岛桃代研究室+佐藤布武研究室

牡鹿渔夫学校授课场景，学习传统的捕鱼方式/右下为在山中探讨山林可利用资源

东日本大地震海啸遇难者灵堂

设计　东京建筑咨询有限公司　干久美子建筑设计事务所

施工　山口建设

所在地　岩手县上闭伊郡大槌町

THE CHARNEL FOR DECEASED BY THE GREAT EAST EARTHQUAKE IN OTSUCHI

architects: TOKEN C.E.E.CONSULTANTS / OFFICE OF KUMIKO INUI

东北方向视角。日本于2011年3月11日发生了东日本大地震并引发了海啸。灵堂用于安置海啸遇难者的遗骨，同时也是追悼遇难者的场所。灵堂建在能够瞭望大槌湾的小山之上。墙壁由天然杉木拼接而成，形成平缓的曲面结构，引导人们前往献花台。灵堂后面是停车场，曲面墙壁设计形成了视觉上的缓冲

東日本大震災津波
物故者納骨堂

北侧视角。墙壁由厚105 mm的方形杉木柱制造而成，与顶部横梁用螺丝连接。底部嵌入管形榫头，使墙壁悬于地面。左侧长凳由钢板制成，兼具防倒构造

朴素的木质追悼灵堂与日常风景相融

灵堂是临时保管东日本大地震遇难者遗骨、追悼遇难者的场所。这些临时保管的遗骨靠现有技术无法确定遇难者身份。在此之前，遗骨被安放在该町的三所寺院内，一直受到寺院的细心保管。大槌町有很多未找到亲人的遗属，他们期待通过未来的科技找到亲人，并且奔走于三所寺庙缅怀逝者。大槌町计划建设一所灵堂，让遗属们相信亲人就长眠在这里。在此情况下，灵堂的建设成了大槌町面临的迫切课题。

大槌町沿海地区在地震中受灾严重。灵堂建在小山之上，选址于体育馆停车场一角，不仅能够眺望到大槌湾，还可以看到灾后的复兴建设，是建设安放遇难者遗骨、追悼遇难者设施的最佳场所。

灵堂在设计上延长了墙壁，形成了视觉缓冲，避免了因建在停车场旁而产生的不和谐感，同时保证了宁静肃穆的氛围。建筑主体的基线与受灾时（2011年3月11日14时46分）太阳方向一致，象征逝者的离去。墙壁兼作围墙，设计成平缓的曲面，曲面设计融合了各种要求，兼具多种功能。屋顶没有严密地覆盖在墙壁之上，而是在两端与曲面墙壁留出空隙。灵堂的外观宛如戴着斗笠的人，营造出“生命”的气息。

大的木门对面是绘有曲线的搁板，阳光能从木门的上部射入。灵堂的建设宗旨是期待遇难者的遗骨最终回到遗属的身边。遇难者的安眠地置身在日常风景中。采用木质结构，该木质建筑材料兼具隔热和装饰的功能，承受着人们对逝者的哀思与追忆。另外，木材老化后更具韵味。采用天然木材竖立拼接的朴素施工方法。

（干久美子）

（翻译：刘鑫）

西侧俯瞰景观。小山之下是一望无际的大槌湾。建筑基线与受灾时（2011年3月11日14时46分）太阳的方向一致

设计：修建：东京建设咨询有限公司
建筑：干久美子建筑设计事务所
结构：KAP
设备：EOS plus
施工：山口建设
用地面积：687.13 m²
建筑面积：10.37 m²
使用面积：10.37 m²
层数：地上1层
结构：木质结构
工期：2016年5月—2017年2月
摄影：日本新建筑社摄影部
（项目说明详见第152页）

图片提供：千久美子建筑设计事务所

左：杉木拼接现场。墙壁由杉木一点点地变换角度拼接而成，形成曲面形/右上：屋顶组合件。由杉木材横竖拼接而成/右下：吊车安装屋顶施工现场

★选择木质的理由：兼具隔热与装饰功能，进一步达到吸湿效果。另外，作为缅怀遇难者、进行追悼的场所，木质结构能够营造安静肃穆氛围。
★材料：外墙・墙壁柱子：杉木
天花板：杉木・杉木层积材
★生产・流通：供给・加工：石川县
组装・施工：石川县・岩手县
★施工方法：方形材拼接法
★用地条件：日本《建筑基准法》第22条指定地区　非城市规划区域内
★用途：存放遗骨的灵堂（不作为仓储空间经营）

因为该建筑不用于居住，而是用于保管遇难者遗骨。所以该建筑对内部设计要求严格。虽然历经风雨的洗礼，干燥的木材表面可能发生腐朽，但是建筑内部为了完好地保存遗骨，采用了坚固的建筑材料。墙壁构造十分简单，由杉木拼接而成。为了防止雨水和潮湿损坏建筑，墙壁下端嵌入管形榫头，使墙壁悬于地面。墙壁的顶部横梁是经热轧加工处理的方形钢材。在工厂实施杉木的拼接，提高了施工的精度。每六根杉木拼成一个组合件，每个组合件下端安装两根管形榫头，将所有组合件拼接成墙壁，最后在墙壁的顶部覆盖方形钢材。另外，杉木的拼接采用填充物拼接法，拼接处用经过防水槽加工及干燥收缩处理过的材料连接，以防止杉木连接错位，打造出精致的墙壁。房顶的木板由杉木拼接而成，同时使用黏合剂和螺丝横竖拼接。施工时，使用适量的螺栓和螺丝钉，加固房顶和墙壁。为了对抗来自坡形屋顶的压力，钢制门梁和搁板安装了铰链。而且，屋顶前端的圆形外缘设计也有效地缓解了屋顶的压力。

（桐野康则/KAP）

屋顶顶部拼接
Paneriido（外
l=150 mm @3
200
135
0.35
9
20
65
100
15
插榫接合：15 mm
铰链：
M8 @270 mm
圆形底座 ϕ =26 mm × 2.6 mm
杉木层积材：135 mm × 65 mm
杉木材：135 mm × 100 mm
防腐处理
防火处理（SAWADA CHEMICAL：not burn）
木材保护涂料（XyLadecor：Yasuragi）
※ 杉木层积材，杉木材通用

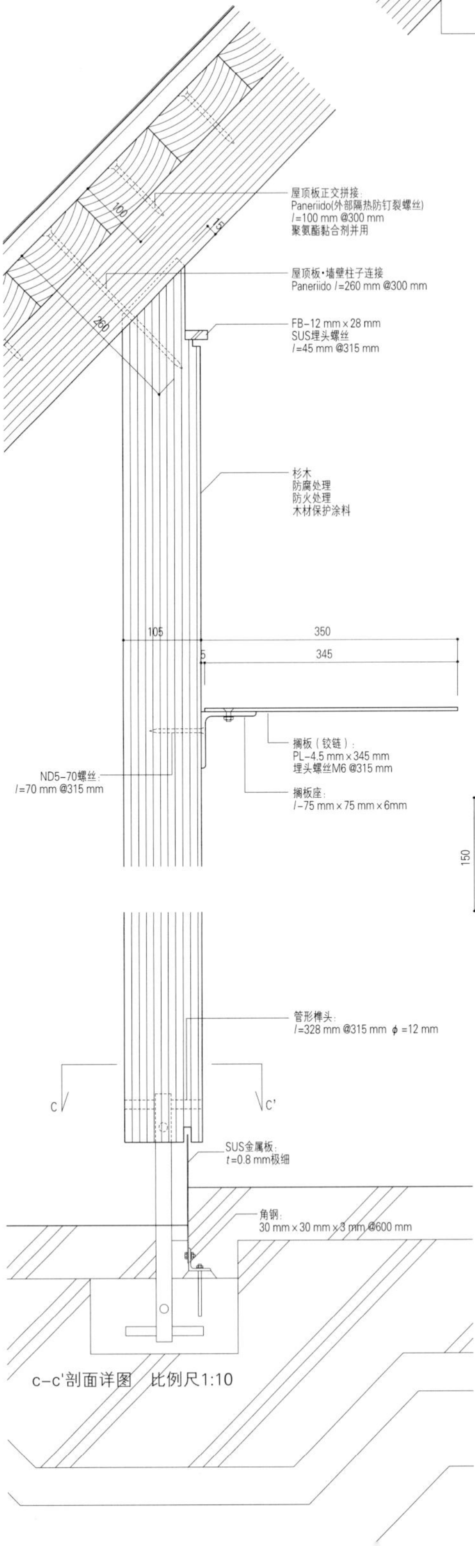

屋顶板正交拼接：
Paneriido(外部隔热防钉裂螺丝)
l=100 mm @300 mm
聚氨酯黏合剂并用
100
15
屋顶板・墙壁柱子连接
Paneriido l=260 mm @300 mm
260
FB-12 mm × 28 mm
SUS埋头螺丝
l=45 mm @315 mm
杉木
防腐处理
防火处理
木材保护涂料
105
350
5
345
搁板（铰链）：
PL-4.5 mm × 345 mm
埋头螺丝M6 @315 mm
ND5-70螺丝：
l=70 mm @315 mm
搁板座：
l-75 mm × 75 mm × 6mm
管形榫头：
l=328 mm @315 mm ϕ =12 mm
C
C'
SUS金属板：
t=0.8 mm极细
角钢：
30 mm × 30 mm × 3 mm @600 mm

c-c'剖面详图　比例尺1:10

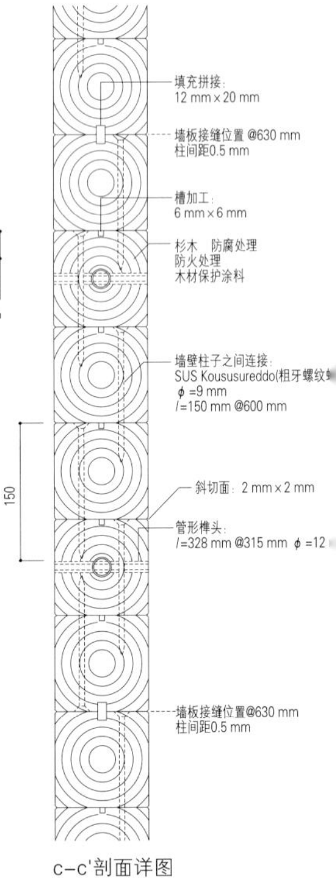

填充拼接：
12 mm × 20 mm
墙板接缝位置 @630 mm
柱间距0.5 mm
槽加工：
6 mm × 6 mm
杉木　防腐处理
防火处理
木材保护涂料
墙壁柱子之间连接：
SUS Kousureddo(粗牙螺纹
ϕ =9 mm
l=150 mm @600 mm
150
斜切面：2 mm × 2 mm
管形榫头：
l=328 mm @315 mm ϕ =12
墙板接缝位置@630 mm
柱间距0.5 mm

c-c'剖面详图
比例尺1:10

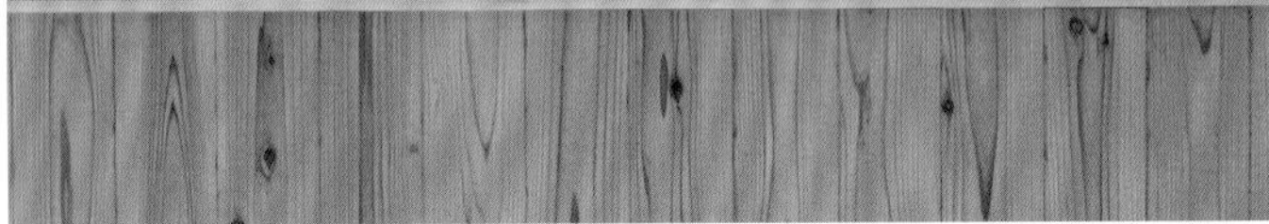

东北方向视角

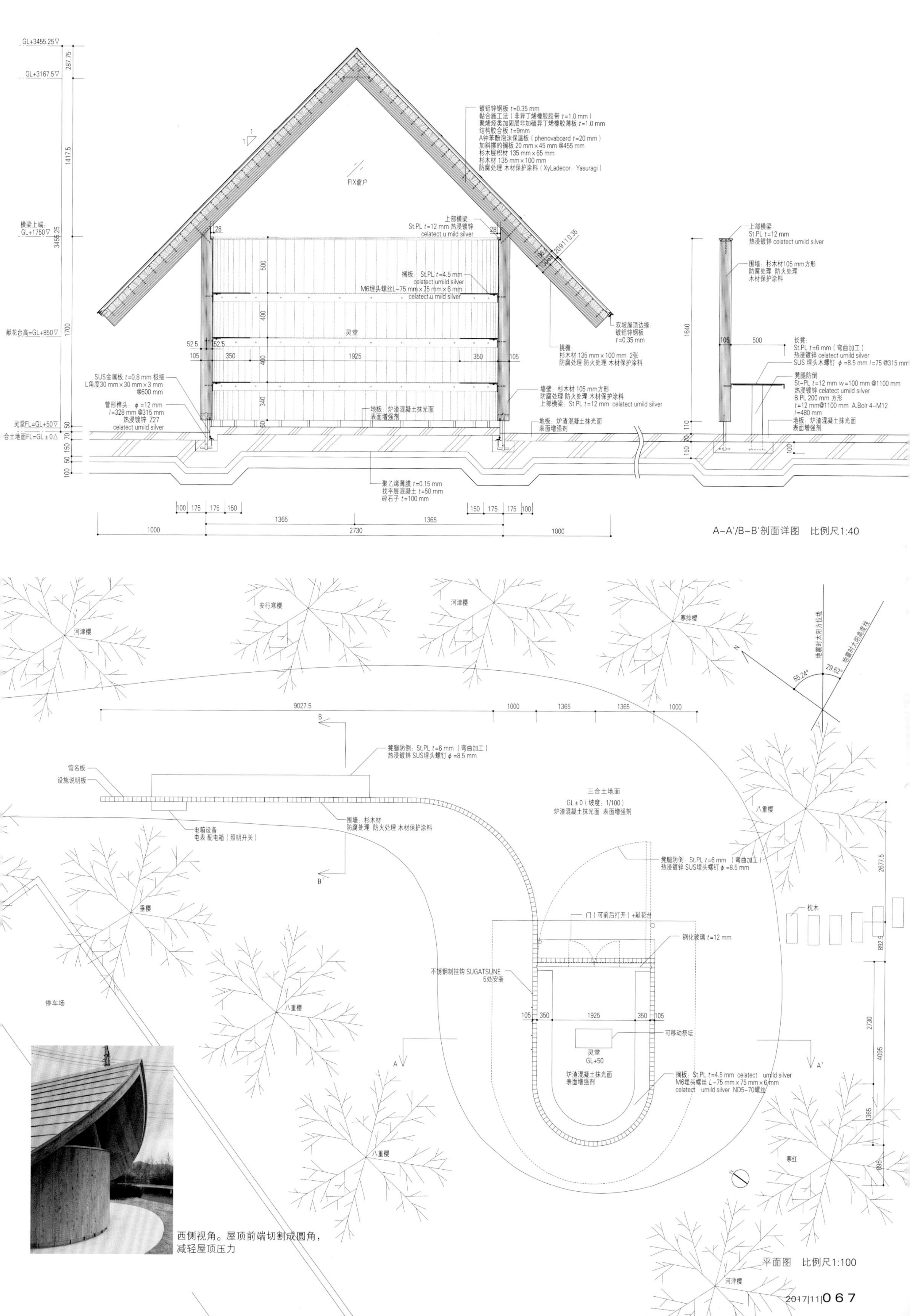
GL+3455.25▽
GL+3167.5▽
横梁上端 GL+1750▽
献花台高=GL+850▽
灵堂FL=GL+50▽
合土地面FL=GL±0△
镀铝锌钢板 t=0.35 mm
黏合施工法（非异丁烯橡胶胶带 t=1.0 mm）
聚烯烃类加固层非加硫异丁烯橡胶薄板 t=1.0 mm
结构胶合板 t=9mm
A钟苯酚泡沫保温板（phenovaboard t=20 mm）
加斜撑的搁板 20 mm×45 mm @455 mm
杉木层积材 135 mm×65 mm
杉木材 135 mm×100 mm
防腐处理 木材保护涂料（XyLadecor：Yasuragi）
FIX窗户
上部横梁：
St.PL t=12 mm 热浸镀锌
celatect u mild silver
搁板：St.PL t=4.5 mm
celatect umild silver
M6埋头螺丝L-75 mm×75 mm×6 mm
celatect u mild silver
灵堂
双坡屋顶边缘：
镀铝锌钢板
t=0.35 mm
挑檐：
杉木材 135 mm×100 mm 2张
防腐处理 防火处理 木材保护涂料
墙壁：杉木材 105 mm方形
防腐处理 防火处理 木材保护涂料
上部横梁：St.PL t=12 mm celatect umild silver
地板：炉渣混凝土抹光面
表面增强剂
SUS金属板 t=0.8 mm 极细
L角度30 mm×30 mm×3 mm
@600 mm
管形榫头：ϕ=12 mm
l=328 mm @315 mm
热浸镀锌 Z27
celatect umild silver
聚乙烯薄膜 t=0.15 mm
找平层混凝土 t=50 mm
碎石子 t=100 mm
上部横梁：
St.PL t=12 mm
热浸镀锌 celatect umild silver
围墙：杉木材105 mm方形
防腐处理 防火处理
木材保护涂料
长凳：
St.PL t=6 mm（弯曲加工）
热浸镀锌 celatect umild silver
SUS 埋头木螺钉 ϕ=8.5 mm l=75 @315 mm
凳腿防倒
St–PL t=12 mm w=100 mm @1100 mm
热浸镀锌 celatect umild silver
B.PL 200 mm 方形
t=12 mm@1100 mm A.Bolr 4–M12
l=480 mm
地板：炉渣混凝土抹光面
表面增强剂
安行寒樱
河津樱
寒绯樱
地震时太阳方位线
地震时太阳高度线
55.24°
29.62°
凳腿防倒：St.PL t=6 mm（弯曲加工）
热浸镀锌 SUS埋头螺钉 ϕ=8.5 mm
馆名板
设施说明板
电箱设备
电表 配电箱（照明开关）
围墙：杉木材
防腐处理 防火处理 木材保护涂料
三合土地面
GL±0（坡度：1/100）
炉渣混凝土抹光面 表面增强剂
八重樱
垂樱
门（可前后打开）+献花台
钢化玻璃 t=12 mm
不锈钢制挂钩 SUGATSUNE
5处安装
枕木
可移动祭坛
灵堂
GL+50
炉渣混凝土抹光面
表面增强剂
搁板：St.PL t=4.5 mm celatect umild silver
M6埋头螺丝 L–75 mm×75 mm×6 mm
celatect umild silver ND5–70螺丝
停车场
寒红

A–A'/B–B'剖面详图　比例尺1:40

西侧视角。屋顶前端切割成圆角，减轻屋顶压力

平面图　比例尺1:100

双叶富冈社屋/郡山社屋

设计　Haryu wood studio

施工　东北工业建设（富冈社屋）芳贺沼制作（郡山社屋）

所在地　福岛县双叶郡富冈町（富冈社屋）福岛县郡山市（郡山社屋）

FUTABA OFFICE BUILDING IN TOMIOKA　FUTABA OFFICE BUILDING IN KORIYAMA

architects: HARYU WOOD STUDIO

富冈社屋的办公室大厅视角。墙壁由原木板纵向拼接而成，分为上下两层，形成长约6.1 m的大厅。梁、墙壁的建材为富冈本地产的木材。1层的空间不仅达到了良好的通风效果，同时还保护了个人隐私。办公室整体像一个“木质隧道”，玻璃窗是“隧道”的巨大开口，连接了办公室与街道的风景

灾后复兴的“先锋”——木结构

地震后不久，我与业主进行了交谈。业主向我提出了如下建筑要求：新建筑要建在海啸波及不到的高地，建材要使用富冈本地产的木材。但是，在我们交谈后的第三天，发生了福岛核泄漏事故，进一步加剧了当地灾情。以双叶郡为中心的福岛全县不仅受到了海啸的侵袭，同时核泄漏还引发了一系列事故，使福岛当地受灾严重。该项目开始（2015年）时，基本上没有把避难区的木材用于建筑的先例，我们奔走于遍及町、县乃至全国的多个林业机构，甄选坯料（采伐后锯成圆木段的木材），严格管控木材成分。虽然我们获得了把木材运到富冈町外检查的批准，但是当地林业的相关工作人员对是否能把木材运到外边检查这一问题，产生了分歧。幸好灾后富冈沿海地区的放射线数值很低。为了把数值降到最小，大量木材在当地经过剥皮处理后，在磐城市的木材加工场进行了干燥处理。为了缩短工期，建设以分工的方式实施。富冈社屋为150 mm × 150 mm的杉木原木板纵向拼接结构，充分发挥了木结构的优势。2层下面的宽阔大厅用作办公室。地域交流室和多功能室位于1层和2层的朝海一侧，用于举行灾后重建的各种活动，希望能为区域及区域建设做出贡献。

（芳贺沼整）

（翻译：刘鑫）

富冈社屋　富冈藏（121页）　采伐后的富冈森林

从富冈社屋、富冈藏、采伐树木的富冈森林，到太平洋一线的航拍景观。建筑木材大部分采自附近森林的地势较低处。灾害发生时，汹涌的海水涌来，海啸淹没了常磐线（属于JR东日本铁路线）的堤坝（在图中可见）。今后海岸一侧将修建堤坝和防灾林，景象会有所改变。但是，“富冈仓库”在海啸中幸免于毁坏，计划把它作为灾后遗迹保留下来

复兴与祖先森林（山）的开发

富冈家与祖先山（2010）

富冈森林（祖先山）

富冈家（2010.12）

・地震发生前，与现双叶社（当时为双叶测量设计）的业主开始交涉，现双叶社的建材为富冈本地产的木材（采自祖先山上的富冈森林）。

・“富冈家”由原主屋（另一栋建筑）与对面新建的一间外涂泥灰的仓库组成，于2010年12月竣工。*

东日本大地震的经历

海啸受灾（2011.3.11）

免于海啸侵袭的仓库

・“富冈家”在2011年3月11日地震发生后不久，被海啸冲走，仅仓库免于被毁。

・受核电站爆炸事故的影响，“富冈家”离开富冈町避难，在郡山市设立临时办公地点，于2012年重新开业。*

双叶富冈社屋/郡山社屋/仓库重建计划

富冈森林的采伐（2016）

采伐后的森林（2016）

・2016年（灾后第5年）富冈森林开始实施采伐。

・采伐木材前，事先在公共机关检测辐射量，保证放射线数值达到自治体公布的允许采伐标准。*

原木板纵向拼接制作现场

张弦梁（由日本大学M.Saitoh提出的一种区别于传统结构的新型屋盖体系）的制作现场

将加工时产生的废料制成厚木，充分发挥了废材的使用价值

富冈森林在采伐后建成葡萄园

・富冈森林盛产杉树、柏树。富冈社屋的梁、横梁、基础梁等由柳杉和柏木建造而成，为原木板纵向拼接结构。郡山社屋采用冷杉和柳杉，不仅使用了原木板纵向拼接结构，同时还采用了张弦梁结构。仓库屋顶由各种厚度的冷杉板制成，改变了仓库的外观。

・将剩余的建材废料进行磨碎处理，制成厚板。用于之后制作外墙、顶棚和家具。

・富冈森林在采伐后建成葡萄园，形成新的富冈町景观，正在建设中。*

★选择木质的理由：

富冈森林由业主的祖先所种。灾后，重建事务所时，考虑继承祖先留下的森林，计划采用祖先森林的木材。这片私有林生长的树木种类丰富，为了发挥不同树种的建筑优势，建筑材料基本上使用了森林里的所有树种。

★材料：原木板纵向拼接：杉木（纯天然木材）
柱：杉木（纯天然木材）
梁：杉木、柏木（纯天然木材）
张弦梁：杉木（纯天然木材）

★生产・流通：供给：福岛县富冈町
加工：福岛县磐城市、南会津町
组装・施工：福岛县富冈町

★施工方法：原木板纵向拼接施工法

★用地条件：城市计划内　日本《建筑基准法》第22条指定地区

★用途：事务所

★防火性能：日本《建筑基准法》防火性能（纵向拼接原木板具备国土交通大臣认定的标准防火性能）

★补助金：灾后重建相关补助金

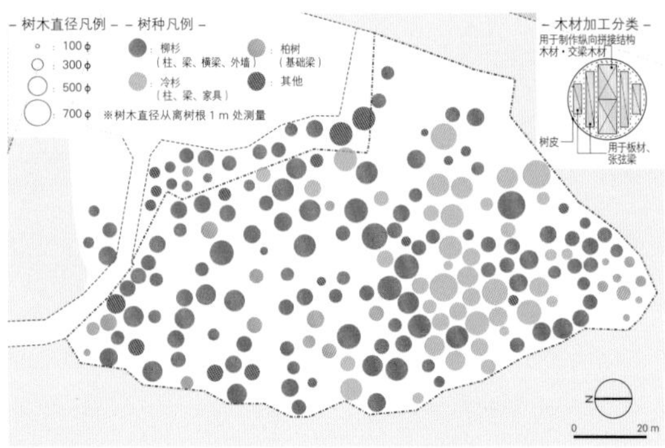

富冈森林　树种・树木直径图

富冈社屋东南侧外观。右侧可以看到前厅，前厅面向地域交流室，为内外一体的建筑结构

富冈社屋办公室东侧的原木板纵向拼接墙壁。纵向拼接的原木板的壁倍率（《建筑基准法》规定的承重墙的强度）约为4.1倍，防火性能达到了国土交通大臣认定的标准

从东侧看向地域交流室、多功能室。里侧墙壁采用原木板纵向拼接方法，外侧安装玻璃窗，全面展现内部景观

1层地域交流室的楼梯景观。楼梯由本地产的木材建造而成，采自富冈森林，使用坯料的中间切面部分。地域交流室用于举办地域街道建设研讨会、恳谈会等活动。为了方便人们进入，楼梯口朝向外面

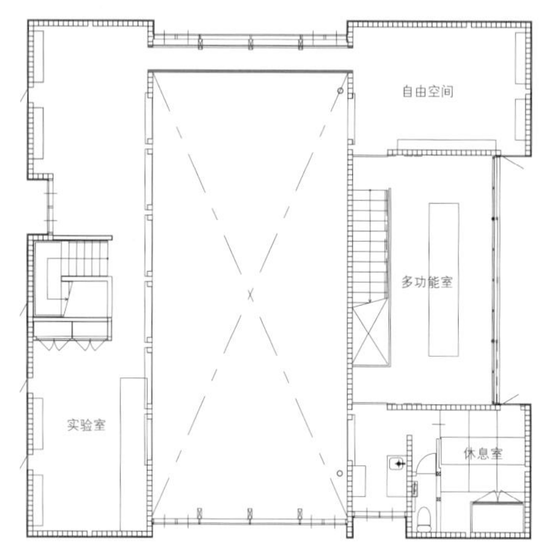

2层平面图

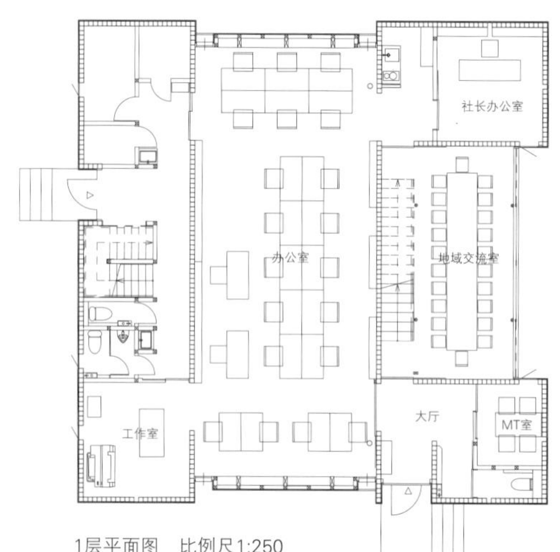

1层平面图　比例尺1:250

双叶员工寝室
双叶富冈社屋

区域图　比例尺 1:1500

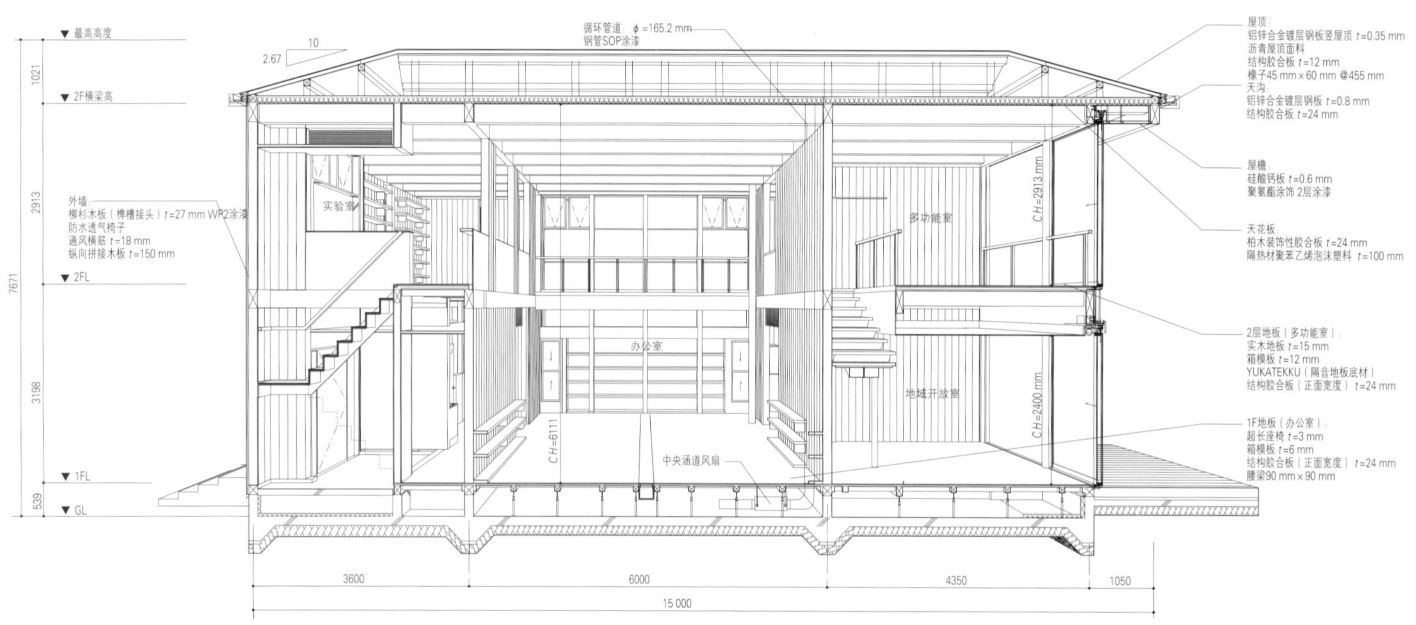

剖面图　比例尺 1:120

从富冈社屋2层的自由空间看向2层办公室大厅、实验室。横梁上使用的材料为柏木装饰胶合板，柏木装饰胶合板兼作装饰材料。木板在工厂加工成150 mm的正方形木材后，用螺栓和结构用螺丝捆扎，采用纵向拼接的方法。加工过程力求标准化，木板的制作非常简单，对施工现场的拼接技术要求并不高

双叶富冈社屋
设计：建筑：Haryu wood studio
策划：双叶
结构：AUM Structural Engineering
设备：M设备设计
外部结构基本规划：STEP
向导板规划：日本大学工学部浦部智义研究室
施工：东北工业建设
用地面积：1340.40 m²
建筑面积：225.00 m²
使用面积：343.53 m²
层数：地上2层
结构：木质结构
工期：2017年2月—8月
摄影：日本新建筑社摄影部（特别标注除外）
（项目说明详见第152页）

双叶郡山社屋

郡山社屋道路侧面全景。桩基（建筑物2层以上建造房屋，1层只留柱子做穿堂用的建筑样式）跨距长约11 m。2层会议室悬于地面，为原木板纵向拼接结构。越过院子可以看到办公室。虽然此处为日本《建筑基准法》防火地区，但是纵向拼接的原木板通过了国土交通大臣防火性能认定。因此，木材均可以直接裸露于外部。左侧墙壁的木板使用了横纵交叉的拼接方式

避难期间跨越两个地域的办公据点

地震后不久，郡山市的两处场所成为富冈町居民的避难所，并在市内设立了富冈町的临时办公楼，这成了双叶在避难期间设立新据点的背景。此次，一部分用地来自富冈町避难的朋友，计划在该用地建设郡山社屋。郡山社屋与富冈社屋一样，建筑木材均采自富冈森林，充分发挥各种木材的优势。但是，适合纵向拼接的柳杉优先分配给了富冈社屋，因此，郡山社屋初步计划使用剩下的柳杉和柏木，以及不经常用作建筑材料的冷杉。在平面设计中，覆盖没有修整的用地、与邻近店铺共存、保证业务需要的停车位等成为建设难题。为此，2层会议室改成了员工的停车场。从桩基下面越过院子，可以看到一直延伸到南侧里面的办公空间。2层办公室由一排小屋组成，其结构为张弦梁结构，由长6.5 m的冷杉连续拼接而成，形成整体的空间。

（芳贺沼整）

设计：建筑：Haryu wood studio
企划：双叶
结构：AUM Structural Engineering
设备：M设备设计
向导板规划：日本大学工学部浦部智义研究室
施工：芳贺沼制作
用地面积：627.49 m^2
建筑面积：190.98 m^2
使用面积：301.17 m^2
层数：地上2层
结构：木质结构
工期：2017年2月—8月
摄影：日本新建筑社摄影部（特别标注除外）
（项目说明详见第153页）

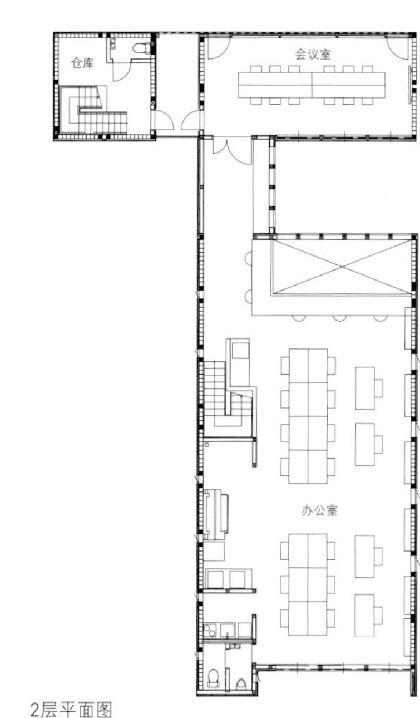

2层平面图

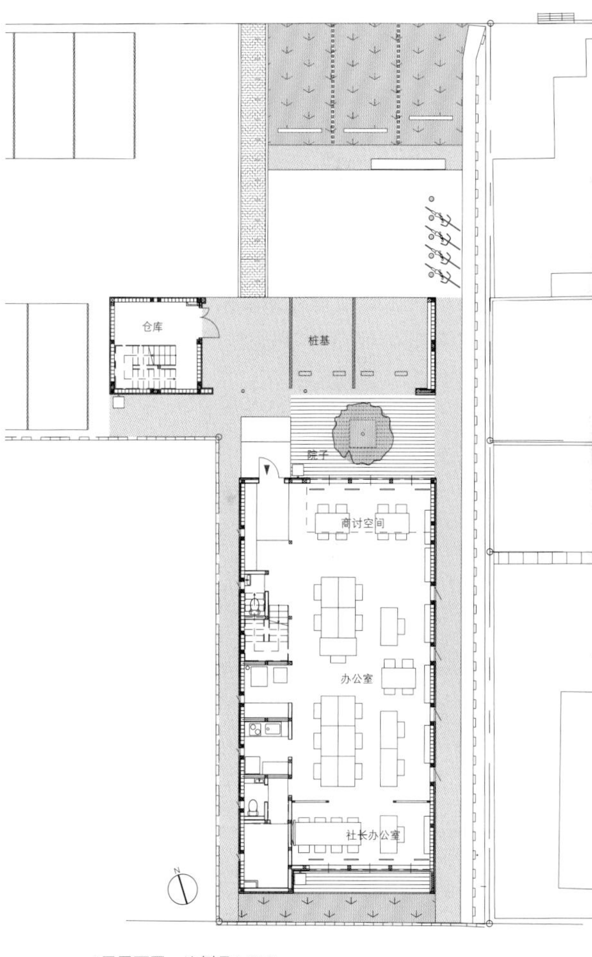

1层平面图　比例尺1:300

区域图　比例尺1:10 000

郡山社屋西南侧外观。会议室（道路一侧）由柳杉纵向拼接而成，办公室（南侧）由冷杉纵向拼接而成，会议室的内外两侧的墙壁均使用木材装饰

郡山社屋办公室大厅视角。大厅连接了院子和办公室的上下楼梯，设计成一体

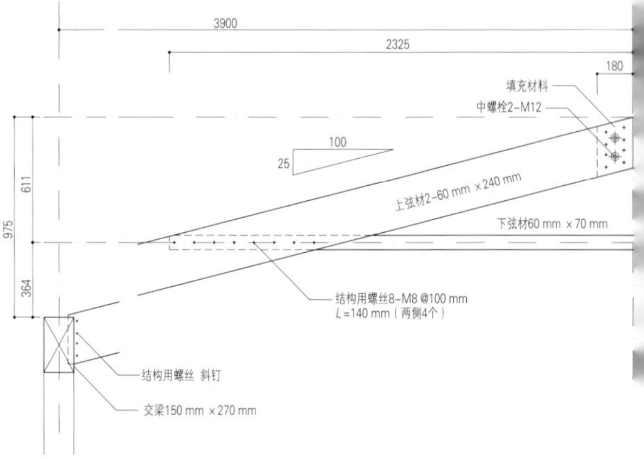

3900
2325
180
填充材料
中螺栓2-M12
100
25
611
975
364
上弦材2-60 mm×240 mm
下弦材60 mm×70 mm
结构用螺丝8-M8 @100 mm
L=140 mm（两侧4个）
结构用螺丝 斜钉
交梁150 mm×270 mm

张弦梁详图　比例尺1:40

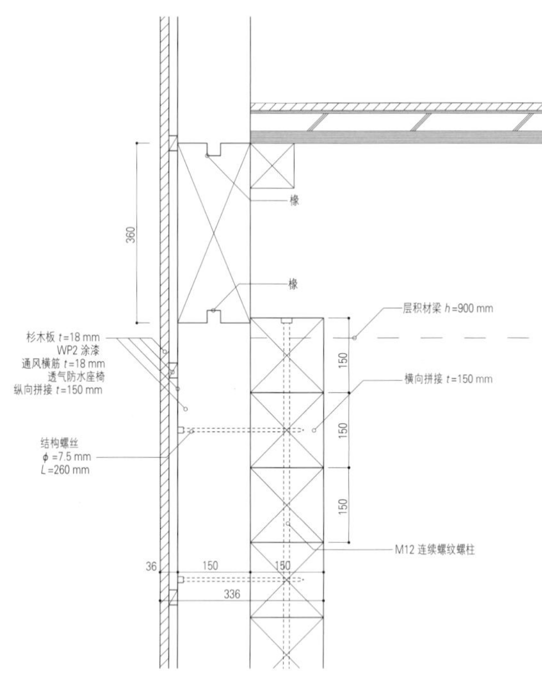

横纵交叉拼接详图　比例尺1:15

郡山社屋2层办公室。梁的跨度为8 m。办公室的结构为张弦梁结构，木材为采自富冈的冷杉。建材尽量不使用层积材，直接使用原木。另外，墙壁采用纵向原木板拼接法，木材为冷杉（因为没有经过国土交通大臣认定，所以贴了胶合板，采用传统轴结构），呈现出与杉木不同的外观

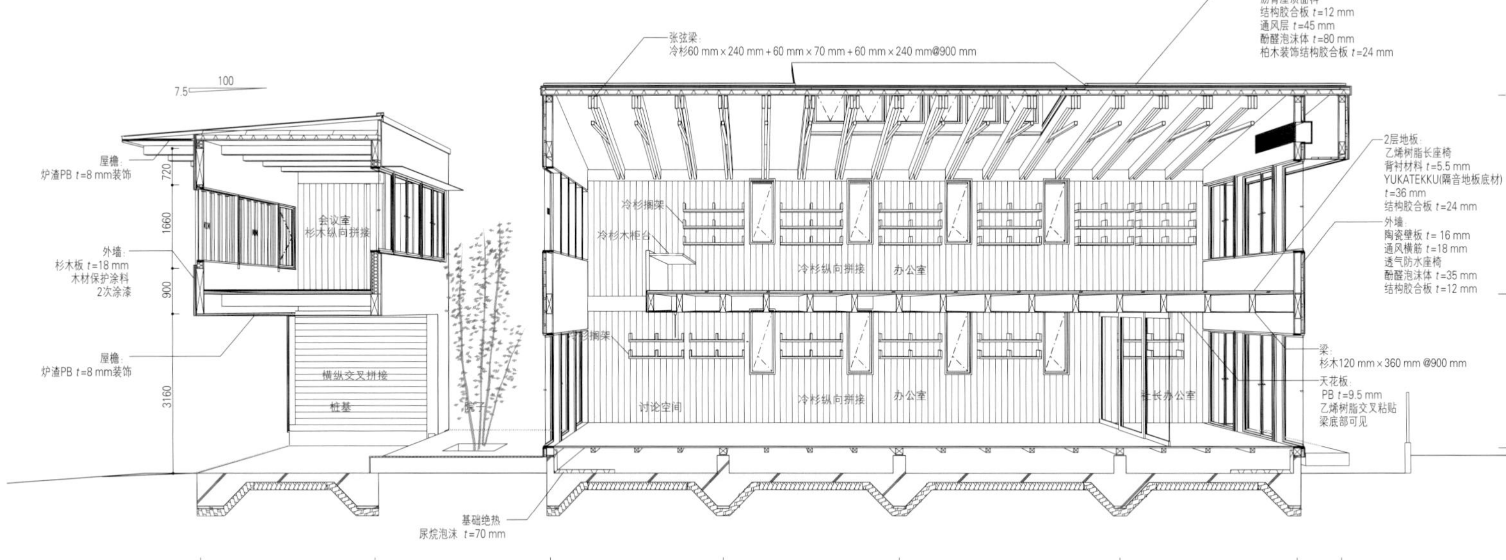

剖面图　比例尺1:150

富冈仓库

设计 Haryu wood studio

施工 Haryu Construction Management

所在地 福岛县双叶郡富冈町

STOREHOUSE REMAINED AFTER THE EARTHQUAKE

architects: HARYU WOOD STUDIO

富冈仓库全景。照片右侧（西侧）曾经是业主的住宅（富冈家2010），住宅的建材采自富冈森林。住宅在海啸中被冲毁，仅剩下仓库。从山上采伐的木材，其中心部分主要用于建造公司办公楼，剩下的大量边材被加工成厚板材，用于重建

屋面板上铺了聚碳酸酯（高分子化合物，热可塑性树脂的一种）

从屋檐下仰视

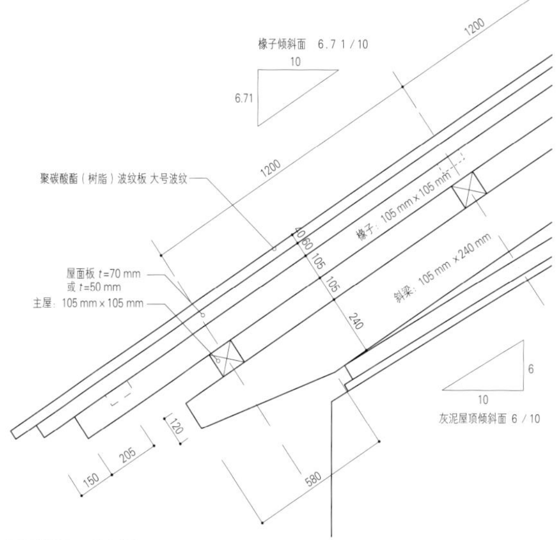

屋顶详图 比例尺1:30

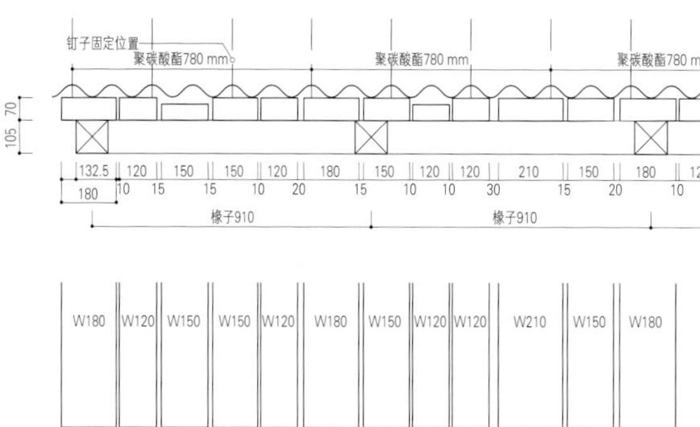

屋面板平剖详图 比例尺1:30

灾后重建建筑的起点

距海啸发生已经过去7年了，许多毁坏的建筑已经被拆除。从常磐线的东侧到海岸线的区域内，仅剩富冈仓库一处建筑。灾难发生时，海啸淹没了仓库的屋顶，富冈仓库因为坚固而免于损毁，像是注定被保留下来似的。此次建筑所承担的范围包括受灾地的重建，以及在受灾地建造新的建筑物。但是，富冈仓库遭到了海水的浸泡，瓦屋顶已经扭曲变形，周围所有人都没想到富冈仓库会屹立不倒。首先小心地将瓦从屋顶上卸了下来，将兽头瓦和5根重叠的正梁一根一根地取下。取下主屋的斜梁，使灰泥覆盖的屋顶底部裸露在外。在此处安装杉木斜梁（斜梁建筑材料为杉木，产自富冈森林）。屋顶底部铺的横梁为厚50 mm的未经加工的原木，厚度在10 mm以内的误差忽略不计，铺装时拼接处留有空隙。原木表面使用中号波纹的聚碳酸酯（热可塑性树脂的一种），因为是纵向的波纹，所以多少存在高低差，但我认为高低差可忽略不计，不影响施工。截取木材时产生了边角料，将这些边料尽量制成厚木，木材是业主的父亲种植的，设计考虑最大限度保持原木样貌。

（芳贺沼整）

建筑的故事性与建筑的存在

芳贺沼整

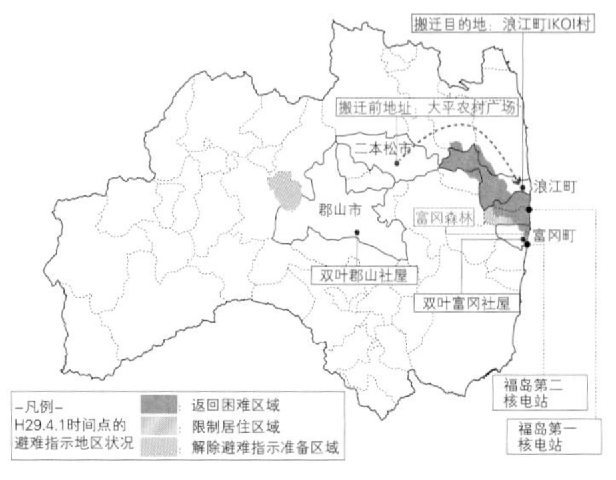

双叶社屋·木质临时住宅群再利用计划图

2011年福岛县发生了核泄漏事故，县内的12个市町村的自治体受到了居住限制。虽然到2017年年底，双叶郡除了双叶町和大熊町的两个自治体以外，所有自治体都恢复了政府办公职能，但是目前大部分居民依然生活在县外，继续过着避难生活。

在首尔考虑受灾地的建设事宜

2017年10月中旬我访问了首尔市，当时在东大门的设计广场正举办“都市建筑双年展”。五十岚太郎为我做了讲解，让我有机会欣赏到扎哈·哈迪德的一部分作品。一直以来我很赞同五十岚太郎的艺术见解，五十岚太郎对眼前的扎哈·哈迪德的作品进行了一番详细且深刻的讲解，使我感受到了比过去更加真实的建筑物存在的力量。“虽然这些建筑还没有开始施工建设，但是在那里留下了一个故事，故事的情节根植在建筑师的脑海里。”尽管我们这么想，但现实中或许我们并没有那么做。那些新建筑将从各个方面改善城市和人们的生活，为街道带来活力。但新建筑产生好的影响的同时，有时也会带来弊端。地震之后，在被迫长期避难的东北地区，由于建设需求过多，灾后重建的相关工作却在建设方体制不完善的情况下不断增加，还没有弄清当地的实际情况和建筑的用途，就接受了建筑委托，建设计划还没有制定好就开始施工了。在此背景下，如果只考虑项目（或建筑物）的安全性和功能性的话，新的富冈町将失去它原本的面貌。

让人们返回家园的构思

“失去了生活的基础，一直在寻找记忆中的片段”这是对我能想到的、见过的无数在异地过着避难生活的人们的心理状态的描写。双叶社屋的业主是避难者中的一员，同时也是执行JICA（日本国际协力机构）支援工作的技术人员。因从事提供保护非洲海岸线、避免海水吞噬沙滩等技术的相关支援工作，业主会定期环游世界。因此，业主虽然不是建筑师，但他对“街道”和“建筑”有着与普通人不同的见解。同时他视野宽广，身上具有吸引人的魅力。双叶富冈社屋、双叶郡山社屋以及业主的父亲建造的仓库（外观涂泥灰的仓库）的所有建材和木质原料几乎全部来自富冈川沿岸的私人森林。他的想法十分实际，从建筑取材的角度来把握，他的判断也很客观。从情感来看，表达了业主连故乡的“一根指尖”都不想失去的情感。一个个想法叠加形成了最终的构思。业主的想法与建筑的本质不谋而合。曾经在屋内养蚕的古老的主屋，以及完工仅一年的“富冈家（2010年竣工）”，在海啸中均被毁坏。由上代人种植的树龄在50~60年的木材分别用于建设三个场所。目前富冈町正在复兴传统习俗，开始进行城市建设，一些新建筑即将施工。富冈町迎来了复兴的安定期，正因如此，采用纵向原木拼接法，使用具备实用性和多用途性的当地杉木，木质建材的施工方法力求实现标准化。

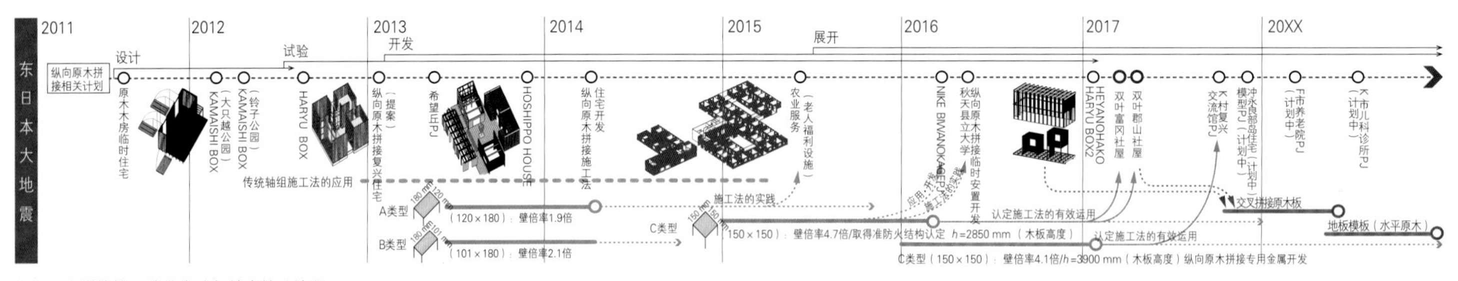

纵向原木拼接施工法的实践与技术检验流程

木质临时住宅群再利用计划 浪江町复兴据点滞留设施

设计 Haryu wood studio

施工 泉田组

左：西侧全景。为方便人们进行交流，绿荫广场设置在建筑的中央/右：与临时住宅相比，新增了门斗（用于挡风御寒等的建筑过渡空间）。同时使用了纵向原木拼接法，并安装了金属门窗

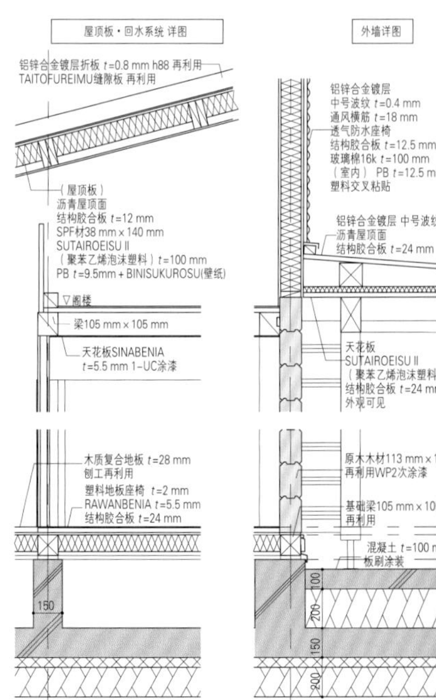

横向原木拼接详图 比例尺1:40

从横向拼接到纵向拼接，再到交叉拼接，采用多种拼接方式

富冈社屋施工现场。在工厂制作宽1800 mm的纵向拼接木板。包括屋顶结构在内，共耗时1.5周完成施工。纵向木板拼接的施工方法大幅度缩短了木材施工的工期*

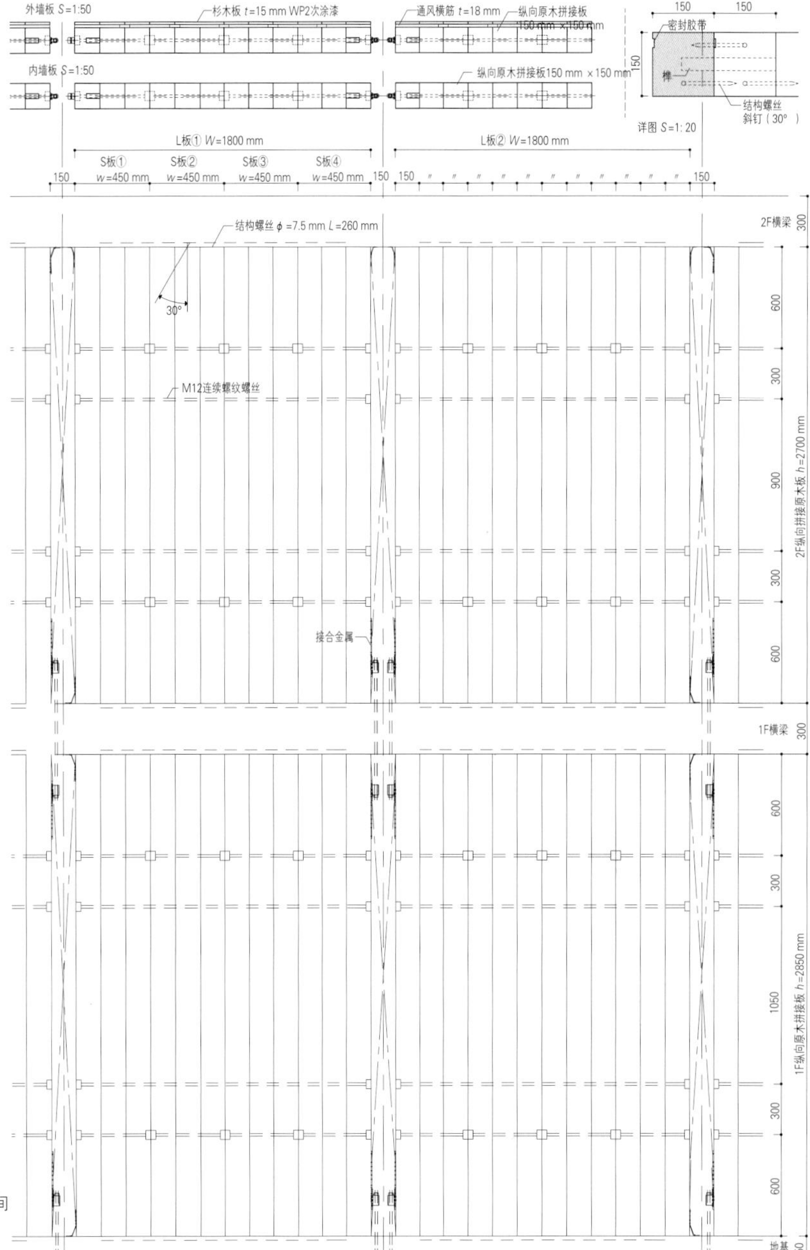

纵向拼接的干燥收缩的处理方法

1. 将原木一根一根用密封带缠紧
2. 对原木进行干燥收缩处理，将原木的含水率控制在10%以下
3. 将宽1800 mm的纵向拼接木板，每三个制成一个组合件，调节木板间的空隙

纵向原木拼接详图　比例尺1:45

重建后的内部景观。因为此项目希望建造一个单室房间，所以尽可能拆除之前的隔断墙。为了缩短受灾地区的工期，屋顶和用水室（灶台、卫生间和浴室）采用木板施工

重建原木临时住宅

浪江町的居民搬离了位于二本松市大平地区居住了6年的原木临时住宅，搬回福岛县双叶郡。该项目为灾后重建的项目之一。木质临时住宅实现了标准化设计，因为要建成单室空间，所以布局更具灵活性，施工更具高效性，拥有较高的性价比。

设计师对临时住宅的相同部分，进行了特别设计。分析考虑了主体结构、建材、零件、原材料及其强度、耐用性、防水性、保温性、热传导率、触感等。新建的临时住宅尽管在规模上和原来一样，但与修缮或重建原住宅不同的是，新建的临时住宅增加了新的功能。

福岛县建造的木质临时住宅也同样根据搬运的便利性、防水性、施工性分工建造，因此降低了成本，极大地改变了有效利用的含义，扩大了在地区推广的范围。此次对浪江町居民使用的位于二本松市大平地区的原木临时住宅实施了改建，虽然这只是有效利用的一个案例，但对于居住在临时住宅的避难者们来说，这是一个切实可行的方案。

（芳贺沼整+难波和彦）

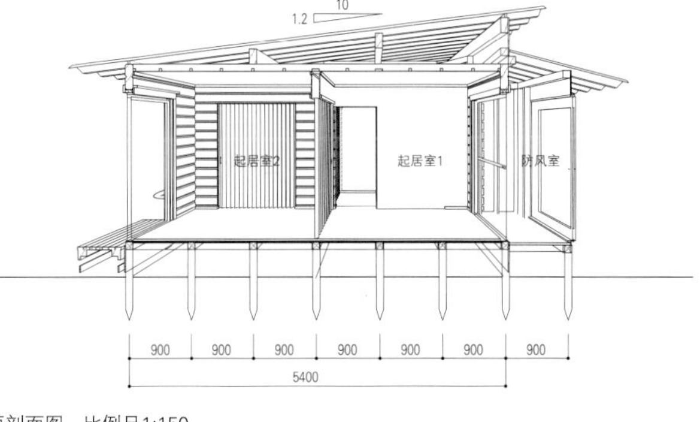

原剖面图　比例尺1:150

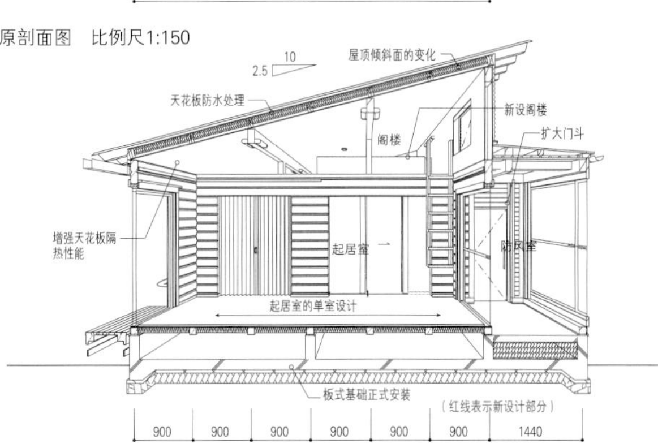

重建后剖面图　比例尺1:150

难民・移民的社区馆+超小型胶合板房屋

设计：庆应义塾大学小林博人研究会设计・建筑・团队

施工：庆应义塾大学小林博人研究会+卢布尔雅那大学建筑学科+斯洛文尼格拉代茨职业培训学校

所在地：斯洛文尼亚 斯洛文尼格拉代茨市

COMMUNITY PAVILION + EXTRA SMALL VENEER HOUSE FOR REFUGEES AND IMMIGRANTS

architects: KEIO UNIVERSITY HIROTO KOBAYASHI LABORATORY DESIGN BUILD TEAM

卢布尔雅那大学和斯洛文尼格拉代茨职业培训学校的大约25名学生相互协作，在职业培训学校的校园内耗时14日搭建了该胶合板房屋

社区馆外廊视角。斯洛文尼亚建筑广泛使用厚度为18 mm的胶合板，把胶合板切割后的部件相互组装形成柱梁构造，外廊和屋顶间露出1150 mm。木材的生产、加工等都在斯洛文尼亚进行

社区馆内部。外围用螺距为1800 mm的12根柱子连接，1根柱子由14个部件构成

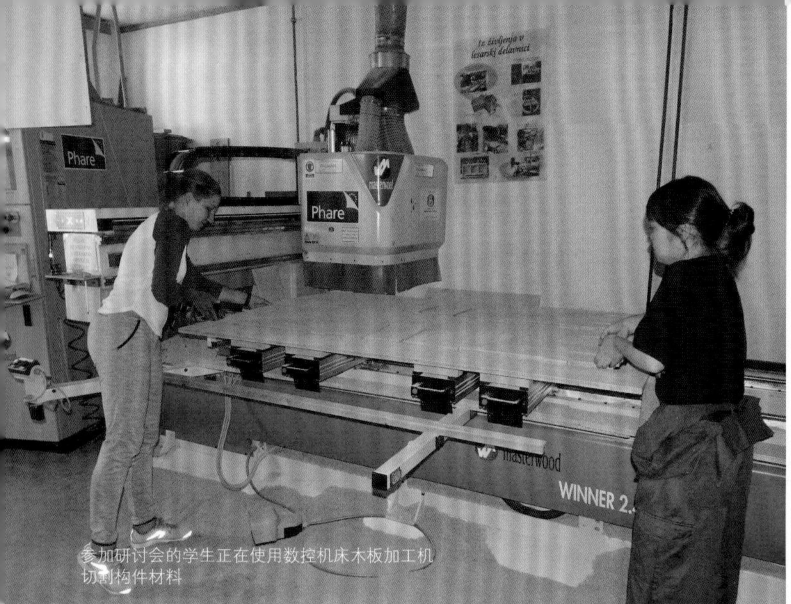

参加研讨会的学生正在使用数控机床木板加工机切割构件材料

搬出切割好的部件放在研讨会教室前面的庭院里

把豁口上下咄合，组装柱子的一个组合件

临时建筑物的基础石笼（GABION）。把石笼装满从附近搜集到的石头，并用螺丝和横垫木连接在一起

在石笼的旁边摆放底座并在上面进行组装。边连接边调整，为了防止翻倒搭建辅助部件

梁的连接部分。1个部件大约重15 kg，是1~2个人即可搬运的重量

为了不在中心部分搭建柱子，边从内侧支撑梁边组装

镶嵌地板的工作情景。修正水平偏差，在支撑梁的凸起部分镶嵌木地板

振兴地域产业和解决难民住所问题

建设地斯洛文尼亚的斯洛文尼格拉代茨市离东南阿尔卑斯森林非常近，所以和木材相关联的产业非常兴盛。然而，由于近年来以澳大利亚为首的各国资本的注入，使木材加工和胶合板制造业陷入了停业的困境。为了复兴地域产业和再兴木建筑文化，地域的职业培训学校和在行政首都的卢布尔雅那大学相互合作，打造了使用木材的新建筑潮流，再度反思地域文化，并想以此作为地域再度兴盛的契机，这便是该项目的起源。

由于近年来中东叙利亚和北非难民北上，包括斯洛文尼亚在内的巴尔干半岛各国急需为这些难民、移民提供住所。因此，使用胶合板搭建了超小型住宅和社区馆的简易可移动式居住场所，这是探索振兴地域产业和解决住所问题的开端。

把社区馆一半左右的建筑面积设计成四周外廊，紧密连接内外活动，这种结构能够促进交流。作为地基的石笼是用从附近河边搜集的石头做成的，使用石笼不仅可以减轻土地的负荷而且还便于移动搭建。

（小林博人）

（翻译：迟旭）

胶合板组装而成的柱子·梁结构

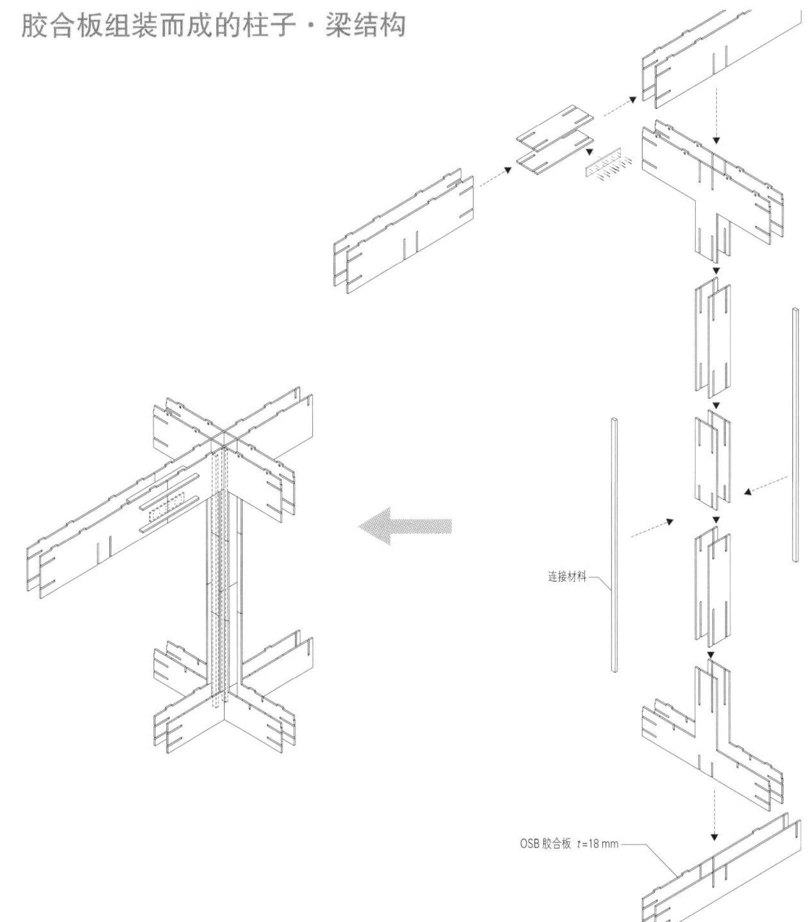

连接部分的立体投影图。各个构件材料彼此楔入后相互插入完成连接，为了能够连接紧密，连接材料插在内侧并留出螺丝的空隙

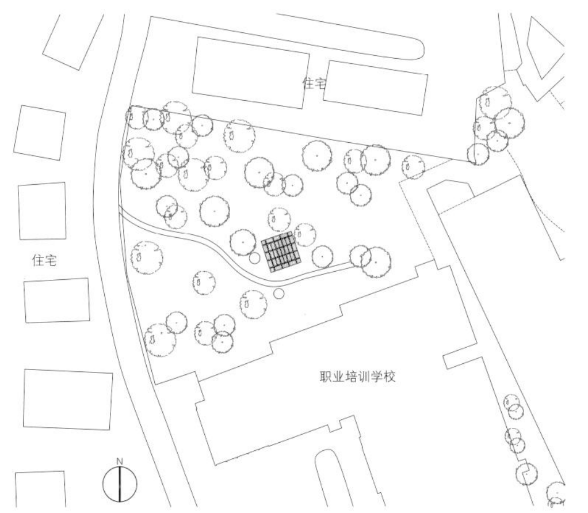

区域图　比例尺 1:2000

设计：建筑：庆应义塾大学小林博人研究会、卢布尔雅那大学
结构：铃木启　ASA
施工：庆应义塾大学小林博人研究会、卢布尔雅那大学建筑学科、斯洛文尼格拉代茨职业培训学校
建筑面积：59.29 m^2
层数：地上1层
结构：胶合板组合柱子·梁结构
工期：2017年9月
摄影：小林博人研究会
（项目说明详见154页）

★选择木质的理由：
希望可以复兴近年来衰退的斯洛文尼亚木材产业，把木材建筑的传统技术和数字化建造技术相融合，探索新的建筑可能性。与此同时，改善移民、难民的居住环境。当地职业培训学校和卢布尔雅那大学建筑学科的学生一起进行了施工，并学习了木材的相关技术。
★材料：结构体：桦木合板
★生产·流通：生产·流通、置办：斯洛文尼亚
组装·施工：斯洛文尼亚、斯洛文尼格拉代茨市
★用途：社区集会设施
★补助金：大和租赁株式会社（DAIWA LEASE）的研究补助

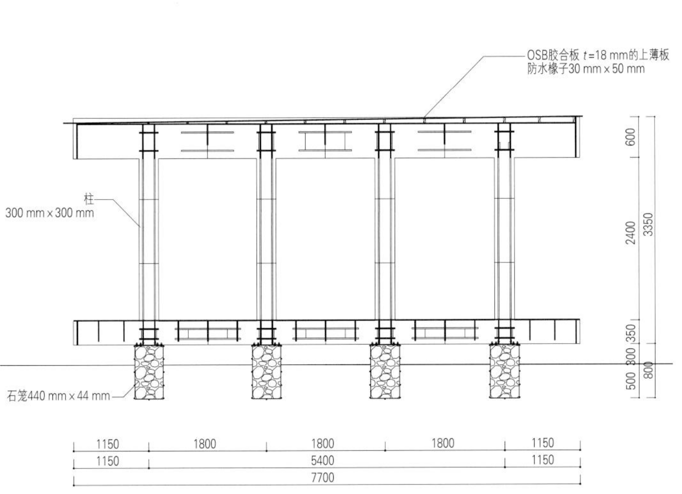

剖面图　比例尺 1:120

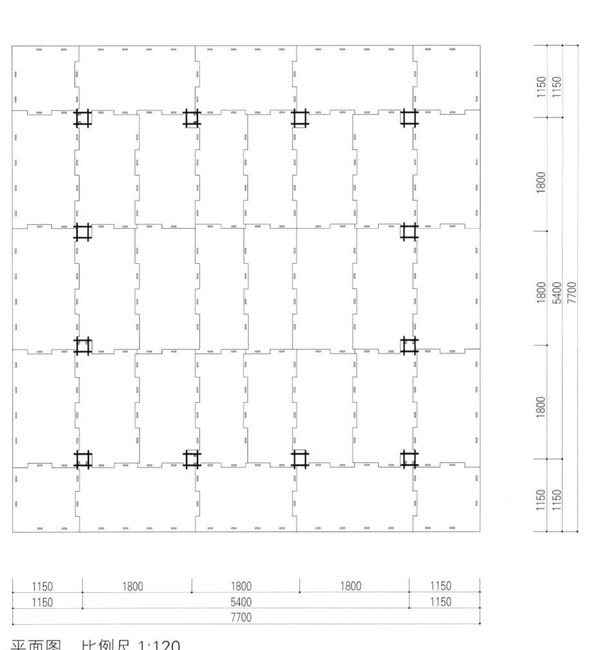

平面图　比例尺 1:120

超小型胶合板房屋

南三陆胶合板房屋。最早的胶合板协作空间。将胶合板豁口（凹口）边插入边组装的建造法

石卷前网滨胶合板社区房屋（2013）。由当地渔夫建造而成。因为灵活使用了数控机床木材加工机，所以施工变得很容易

缅甸・Manawhari村学习中心。为了贫困地区孩子而建造的教育、保育设施。采用的是胶合板组合的建造法。外部装饰为当地竹子编织的混合物品

菲律宾・薄荷岛村胶合板房屋（2014年）。该设施代替了在地震中被毁坏的幼儿园，结构体由楔子固定，没有使用钉子

尼泊尔・胶合板样板房。地震灾害后为该地区居民建造的简易纯木质结构住宅

七滨胶合板海景房（2016年）。为了复兴遭受海啸侵袭的海滨而搭建的海滨舞台，为用楔子连接组建而成的胶合板组合型结构

克罗地亚・维斯岛胶合板房屋（2016年）。地域的文化交流、教育设施。由楔子连接组装的墙壁和柱子，构成了4 m×4 m的空间

熊本超迷你型胶合板房屋（2017年）。既作为临时住所又作为小卖店的迷你屋，用楔子组装而成，没有使用螺丝和钉子，只用1个小时便可以搭建完成

迄今为止的胶合板房屋

胶合板房屋项目从东日本大地震后开始实施，海啸灾害后很多胶合板制造公司在宫城县的石卷市设立了工厂，以振兴地域为目的，提议活用胶合板建设简易建筑。胶合板所使用的自然建材为间伐木材，不仅如此，尺寸体系也进行了统一，便于形成组件，这样能够增强反拱和弯曲的能力。而且，对建筑组建进行了提案，建议使用数字化建造技术完成的木质面材工业制品，这样即使是外行人也能够非常容易地完成组建。施工打破了只有专家才能建造房屋的一般印象，普通人也可以参与设计和建设，这拉近了建筑和在建筑中生活的人们彼此间的距离，希望可以由此达到社区重建或者再统合的目的。

搭建架构主要使用的是把胶合板豁口相互拼接并作为支柱和各部件相结合的方法。柱、梁的组建使用了数控加工机（主要是数控机床木材加工机）进行切割和边用楔子将各部分连接起来边组建这两种建造方法。前者没有使用螺丝或者钉子，因此需要进行浇筑工程，而后者只是打入楔子的工程，所以相对来说比较容易建设。而且还加上了传统建造法，把楔子拿出来完成连接，设计采用了外面为平面的内楔方法。2011年开始，在12个地区设计建设了灾后复兴、社区复兴、儿童教育设施、移民和难民的临时住所以及地域产业的再生设施。为了应对近年来社会的急剧变化，对自己动手建造房屋和社区建设进行了实践。

（小林博人）

私人建筑

超小型住宅的1组合件是由17块宽度2.2 m×深度2.2 m×高度2.4 m的胶合板搭建而成的简易建筑，使用了数控机床木材加工机实现最小限度的木材加工，居住者自己用手锯就可以完成切割工程，然后用锤子完成组装。可以通过多个组合件的连接打造更大的空间。

通常木材的加工和建设需要专业的知识、技术以及工具。而且，在现场加工、施工需要一定的工程期间，由于建设工程的大部分时间是在现场进行的，因此，在发达国家有很多因劳务费导致工程费用上涨的情况。材料的预切使建设简略化，只进行组建工程，因此，更多的人可以直接参与到建筑的建设中，由此一来，在增加对建筑热爱的同时也能够建造出让参加者们产生共鸣的构造，这也是该项目的目的所在。

（小林博人）

设计：建筑：庆应义塾大学小林博人研究会、
卢布尔雅那大学
结构：铃木启・ASA
施工：庆应义塾大学小林博人研究会、
卢布尔雅那大学建筑学科、
斯洛文尼格拉代茨职业培训学校
建筑面积：5.29 m²（1组合件样板）
10.58 m²（2组合件样板）
层数：地上1层
结构：木材镶板组合墙壁结构
工期：2017年9月
摄影：庆应义塾大学小林博人研究会
（项目说明详见第154页）

★选择木质的理由：
能够轻松容易地进行施工，还可以根据现场的情况随机应变
★材料：结构体：松树木材镶板
★生产・流通：生产・流通、置办：斯洛文尼亚
组装・施工：斯洛文尼亚、斯洛文尼格拉代茨市
★施工方法：使用结构胶合板组合成墙壁结构
★用地条件：职业培训学校校园内
★用途：简易居住样板房
★补助金等：与大和租赁株式会社（DAIWA LEASE）共同研究

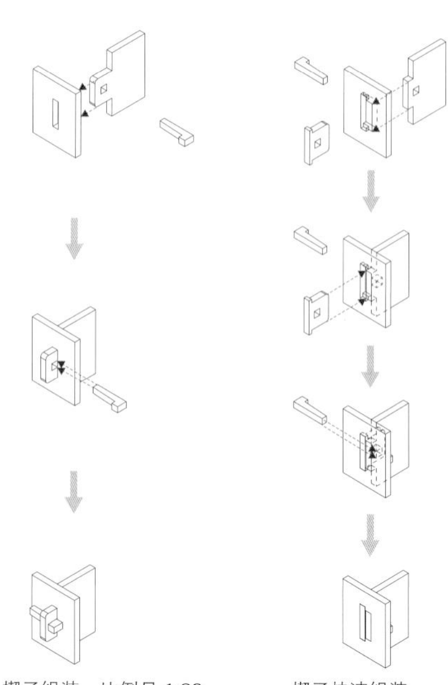

楔子组装　比例尺 1:20　　楔子快速组装

17块胶合板组建完成的住所组合件

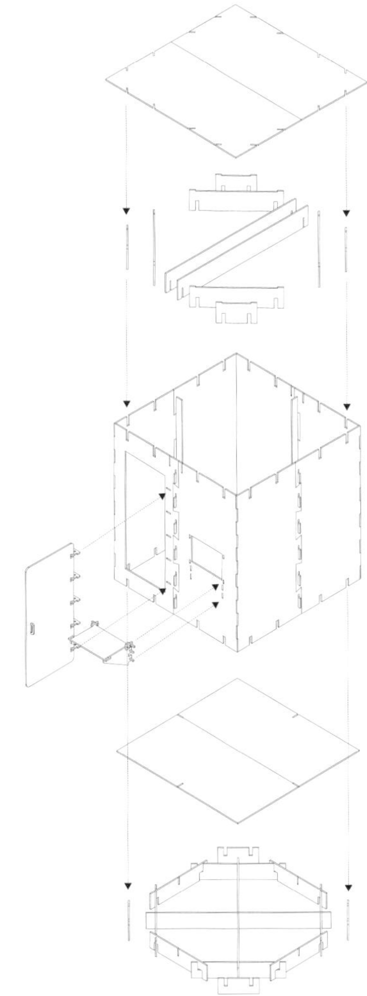

1组合件样板的组建构成图

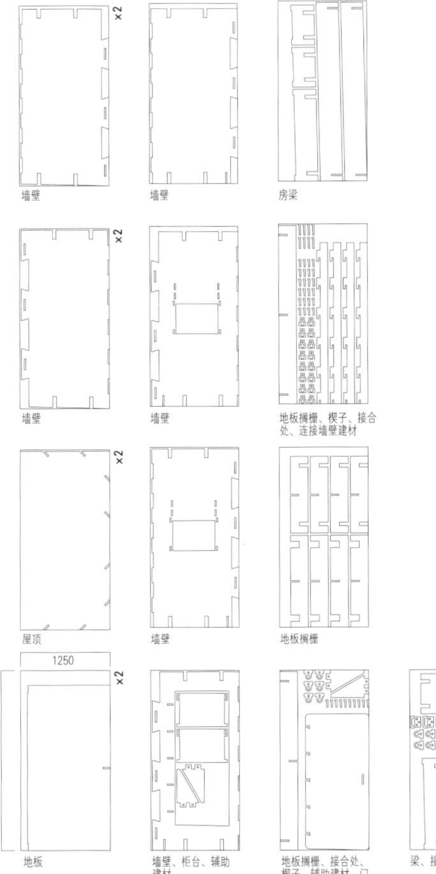

1组合件样板的布局设计图　比例尺 1:100
为了不浪费小型木材，采用的模数为300 mm、400 mm

左・中：超小型胶合板房屋（1组合件样板）的组建情景/右：柜台窗户的细节

左・中：2组合件样板组建的情景。由于1组合件的接头切掉了一部分，所以可以形成连接结构/右：内观

左：1组合件样板。两个人组装大约需要40分钟。由16块胶合板构成/右：内观。实际使用的时候，用幕布和绳索使屋顶和下面的结构紧密衔接，达到防水的效果

左：2组合件样板。两个人组装大约需要80分钟/右：内观。开口部分安装的是楔子组件。柜台为双开门式

为移民、难民集中居住而设计的1组合件和2组合件复合安装方案

东急池上线户越银座站

设计　东京急行电铁 atelier unison

施工　东急建设

所在地　东京都品川区

TOGOSHI-GINZA STATION

architects: TOKYU CORPORATION + ATELIER UNISON

从站台侧向南看去。通车以来度过了90多年岁月的木质设施逐渐腐朽老化，因此对车站实施改建。由于站台位于住宅密集地，施工十分困难，很难使用大型重机进行施工，所以改建的车站棚顶使用了人力可搬运的小构件材料完成咬合，形成交叉式桁架结构和钢筋框架的架构

南侧俯瞰图。休息日大约有4万人穿梭于户越银座商业街的车站前

在现存站台的棚顶上搭建新的木质棚顶

东急池上线户越银座站位于品川区西部，车站前和市内最长的户越银座商业街在此交会，从1927年运行开始历经90多年，是被大家熟知的木质车站设施，以更新老化设施和提高沿线价值为目的，策划车站内外装饰的翻新、棚顶的改建和延伸、站内洗手间的改建。这个计划参考了乘车人和地域居民的意见，在继承现存木质车站设施历史性的同时，创造出当地特有的地域性，进一步为地域发展做出贡献。棚顶的结构采用杉木、扁柏的集成材料镶板，让嵌合的墙壁与棚顶一体化，使用交叉式桁架结构和钢筋框架结构混合的构造方法。用这种构造方法是由诸多施工条件所限定的。例如，该车站位于住宅密集地很难确保棚顶改建所需的施工场地，需要边保证铁道的正常运行边进行施工等。为了能够在末班车结束到首班车开始的短时间内有效完成现场施工，在工厂进行预切工程，把结构用集成材料切成1块重约70 kg左右、不使用大型重机全部用人力就可以搬运的大小。另外，由于使用了交叉式桁架拱形结构，站台上的柱子能够达到最小化，从而实现了一体化的站台空间，宛如被木材亲密包围一样。

此外，从促进日本国产木材利用的角度考虑，该工程的一部分被选入“平成27（2015）年度东京都森林·林业再生基盘建造补助金事业”的木质公共建筑物领域。由于大约使用了120 m^3的东京都多摩产材，所以在建设阶段的CO_2排放量比起钢筋结构削减了100 t左右。

木质拱门和木材的芳香迎接着来街道游玩的人们，并欢送他们的离开。希望户越银座站今后也是和地域一同存在的车站，能够成为被大家喜爱的车站。

（织茂宏彰/东京急行电铁）

（翻译：迟旭）

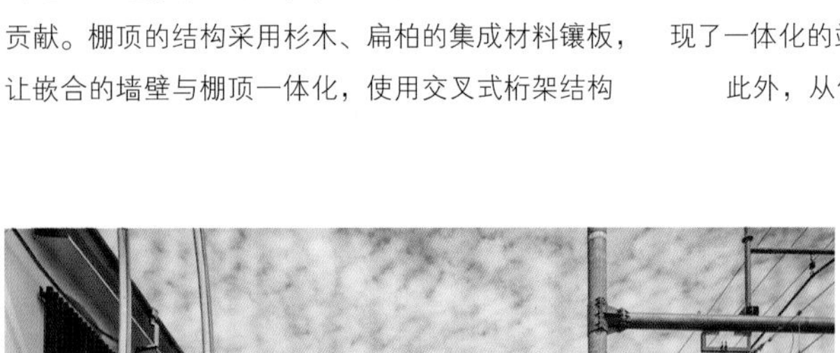

车站外观。保留原有的让乘车人感到亲切的山形屋顶，把现存车站的内部改成木质结构，外部在对现存车站进行涂装后，安装新的象征标识和门帘

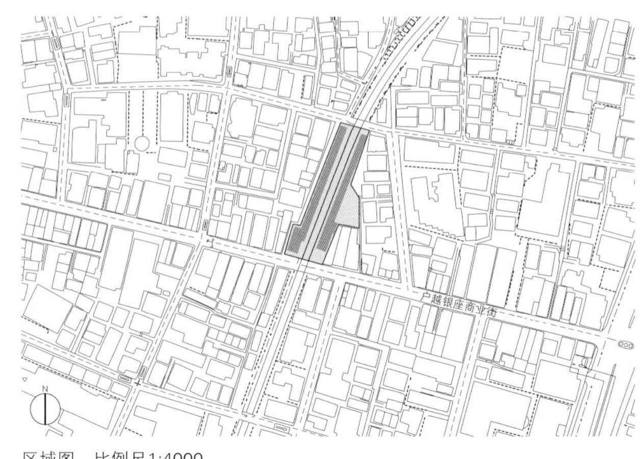

区域图 比例尺1:4000

设计：建筑・设备：东京急行电铁、atelier unison
结构（站台棚顶）：Holzstr、桜建筑事务所
施工：东急建设
用地面积：1456.71 m²
建筑面积：99.29 m²（站内建筑（现存）、乘客洗手间（新建））
使用面积：115.90 m²（站内建筑（现存）、乘客洗手间（新建））
站台棚顶・棚顶水平投影面积：561.90 m²（新建）
层数：地上2层（五反田方向站内建筑）
地上1层（蒲田方向站内建筑、乘客洗手间）
结构：木质、一部分为钢筋结构（站台棚顶）
工期：2015年9月–2016年12月
摄影：日本新建筑社摄影部（特别标注除外）
（项目说明详见第154页）

从东侧蒲田方向站台看去。现场施工组建主要控制在末班车结束到首班车开始的时间内进行，因此站台棚顶在工厂完成预切，使用编号后的多摩产材营构的集成材料，最大的长度只有3 m左右，用这样的小构件材料进行组装，搭建长约4 m左右的棚顶，覆盖整个站台

九张图片提供：东急电铁、atelier unison、枞建筑事务所

1.实体模型组装时的情景。确认作业流程/2.已建成90年的改建之前的木质站台棚顶/3.搬进钢筋柱子，组件棚顶的情景。小型机械和叉车作为辅助工具，以人力为主，把重量约300 kg的钢筋柱子搬进站台，通过现存棚顶打开的孔，进行建造/4.搬运施工的情景。棚顶构件的最大尺寸为3 m，重量最大的是70 kg，这个大小1~2名施工人员便可以搬运/5.为了不影响现存的站台棚顶，从站台的内侧穿过扁柏集成材料壁柱，在此镶嵌构件材料/6.在现存的棚顶上覆盖新建的木质棚顶/7.在现存的棚顶上架设新建木质棚顶后的情景/8.站台视角。缓缓拆除现存棚顶，新建的钢筋柱子在现存棚顶柱子的位置，考虑列车乘车门的位置等因素进行搭建/ 9.施工从下车站台开始进行。现场施工组建需10个人左右，大约需要90天完成

顾及铁道运行和夜间噪音的施工计划

上下站台棚顶的构成合计超过1000块构件材料，由于设计的是贴合线路的曲线形状，所以每一个构件材料都是不同的形状，有些许差别。构件材料以3DCAD（计算机辅助设计）的材料为基础在工厂进行预切后，把全部的构件材料编码排号，按照顺序搬进施工场地，从搬运到现场施工无法使用大型重机，主要依靠人力。另外，墙壁和棚顶的一部分位于不影响铁道运行的范围，所以可以在运行中进行施工，如此计划出高效率的施工方案。

（横山太郎/东急电铁）

★选择木质的理由：
自运行之日起该车站就一直为木质车站，在翻新时，对乘车人和地域的居民开展了意见听取会，由于喜欢木质结构的意见占大多数，所以决定新的车站依旧使用木材建造

★材料：柱：扁柏集成材料
棚顶・墙壁镶板：杉木集成材料
底横梁：扁柏制材

★生产・流通：置办・板层加工：东京都
板层→集成材料加工：福岛县、岐阜县
预切加工：福岛县
木材保护涂料浸透加工：山梨县
组装・施工：东京都

★施工方法：结构用集成材料采用木质交叉式桁架施工方法和钢筋框架混合的施工方法

★用地条件：日本《建筑基准法》工业地区、近邻商业地区、东京都第2种高度地区、东京都第3种高度地区

★用途：车站设施

★补助金：平成27（2015）年度“东京都森林・林业再生基盘建造补助金”

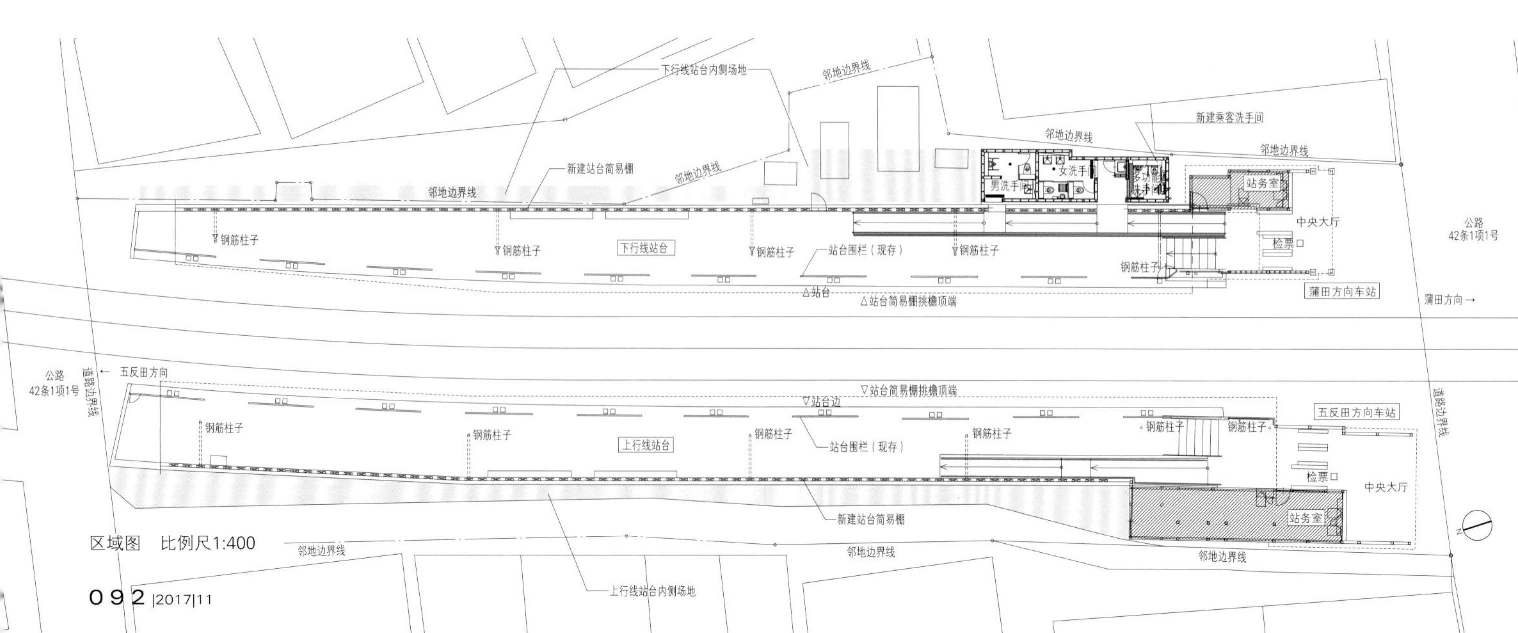

区域图　比例尺1:400

架设小构件材料组装而成的交叉式桁架拱形棚顶

上：站台两头安放了纪念板。上面雕刻着信息，记录着当地居民的寄语和车站的回忆等内容/下：北侧夜景。照明和棚顶融为一体，从构件材料的间隙投射出的光线照亮站台

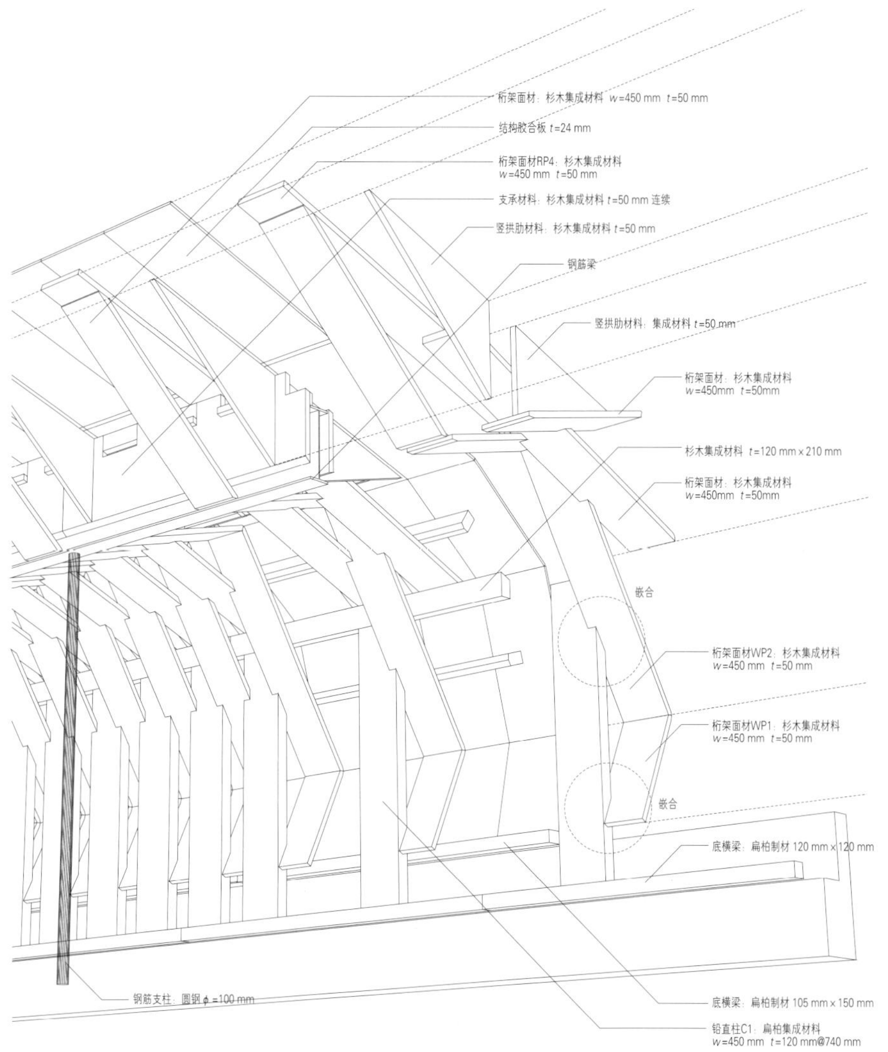

剖面透视图

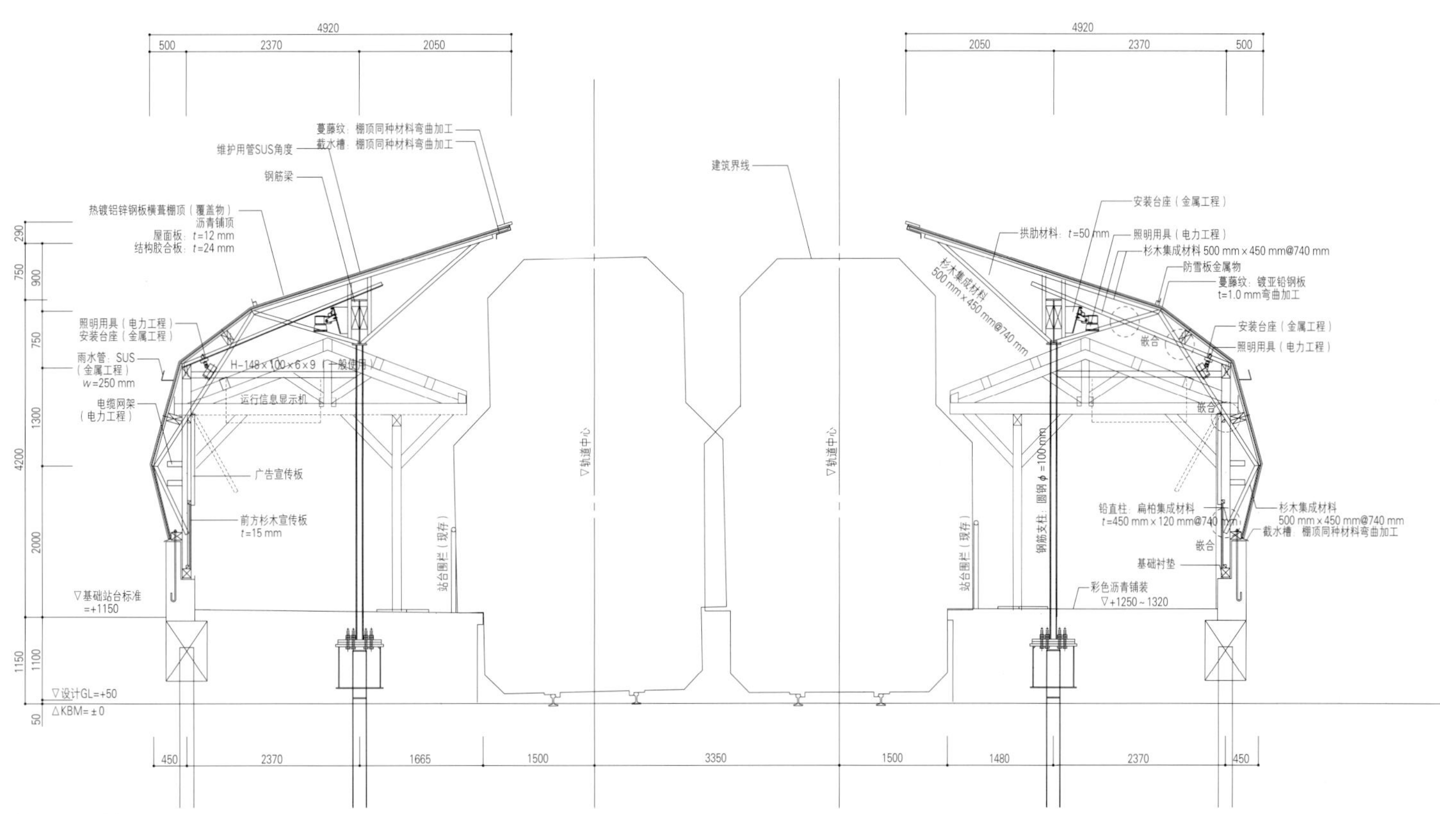

剖面图 比例尺 1:120

路边车站 日本纸之乡东秩父村 农产品直销地+公共汽车总站

设计 松本康弘建筑工房（农产品直销地） 水谷意匠（公共汽车总站）

施工 榥川住建工业（农产品直销地） 关根建设+泷泽工务所（公共汽车总站）

所在地 埼玉县秩父郡东秩父村

ROADSIDE STATION WASHI-NO-SATO HIGASHI-CHICHIBU

architects: YASUHIRO MATSUMOTO DESIGN STUDIO + MIZUTANI DESIGN ARCHITECTS STUDIO

农产品直销地内观。公交是东秩父村唯一的公共交通方式，在公交路线实现中心化之际，作为文化设施的“东秩父村日本纸之乡”也进行了翻新，设立农产品直销地和公共汽车总站，此外还对一部分现存建筑进行增建和改建，希望打造能够吸引村内外更多人聚集的路边车站。农产品直销地和公共汽车总站的设计灵活使用东秩父村产的天然扁柏木材和细川纸（日本传统纸的一种）

以地域再生为核心的据点建设

从东武东上线小川镇站乘公交15分钟左右即可抵达以“路边车站”著称的东秩父村，它是埼玉县唯一的村落。东秩父村于2016年10月新建该车站。

村内唯一的公共交通是公共汽车，运行该公交路线的EagleBus株式会社（总公司：川越市）以公交中心化振兴地域发展、推动村落建设为契机，想要支援振兴“东秩父村日本纸之乡”，并且得到了在川越市进行街道建设的NPO法人——川越藏协会的帮助。

大约有1300年历史的日本纸——细川纸，在2014年被联合国教科文组织列入非物质文化遗产，东秩父村盛产这种纸。而且在这个村落还能够享受到去外秩父七峰进行纵走运动等远足活动，还有清澈的溪水、红点鲑、萤火虫、罂粟、碧桃等富饶的大自然，人口大约为3000人。近年来，人口显著减少，作为改善对策，与公交线路中心化相结合，建设村落文化传承馆、日本纸销售地等，构建“东秩父村日本纸之乡”的农产品直销地、外部商铺和公共汽车总站。并设置综合服务中心，对路边车站进行翻新等，实施了增建和改建。

使用村落大自然凝缩成的日本纸与杉木、扁柏打造“人工森林”。

此次，各设施在设计的时候除了使用日本纸之外，还采用了木质（原有的施工方法）的结构材料・收尾材料等。尽可能使用了村产材料，不仅仅是为了节省预算才采用木结构，也不仅仅因为是公共建筑才使用村产材料，还有一个主要原因是该地虽然拥有丰富的杉木・扁柏资源，民间却很少利用。使用村产材料打造充满魅力的空间，能够让更多人享受到使用村产木材的好处。此外，大空间的所有柱子都是方形柱子，为了梁和结构胶合板更具刚性和耐性，有效配置壁梁，由于增加了节点数，所以非常容易分散应力，这种结构不适用于大型建材建设，不过却十分有利于使用村产材料。不是使用集成材料的大剖面木结构，而是使用小型材料的木质大空间，能够用地域的生产力・技术力进行建设，这是最大的优点。今后希望能有机会继续设计这样的建筑。

（松本康弘+水谷勉）

（翻译：迟旭）

去公共汽车总站便可以看见农产品直销地。这个汽车总站最多可以容纳4台大型公交车， 4个柱子和屋顶主要使用村产的扁柏方形木材建成

农产品直销地东侧外观。像折纸一样的屋顶，由四坡屋顶、双坡屋顶、平屋顶（露台式屋顶）三部分构成。屋顶的颜色以白色为主，兼含黄色，因为细川纸也是这个颜色，所以建筑整体有种像是被细川纸包裹着一样的感觉

农产品直销地，从停车场观赏到的夜景。透过细川纸的窗户映出来的柔光把整个建筑像灯笼一样映衬出来。为了避免生鲜食品被阳光直射、考虑下雨天的移动，并且为了方便外部商铺、鲜花之类的销售等，最大限度活用屋檐下方空间，屋檐的伸出部分最大为2 m

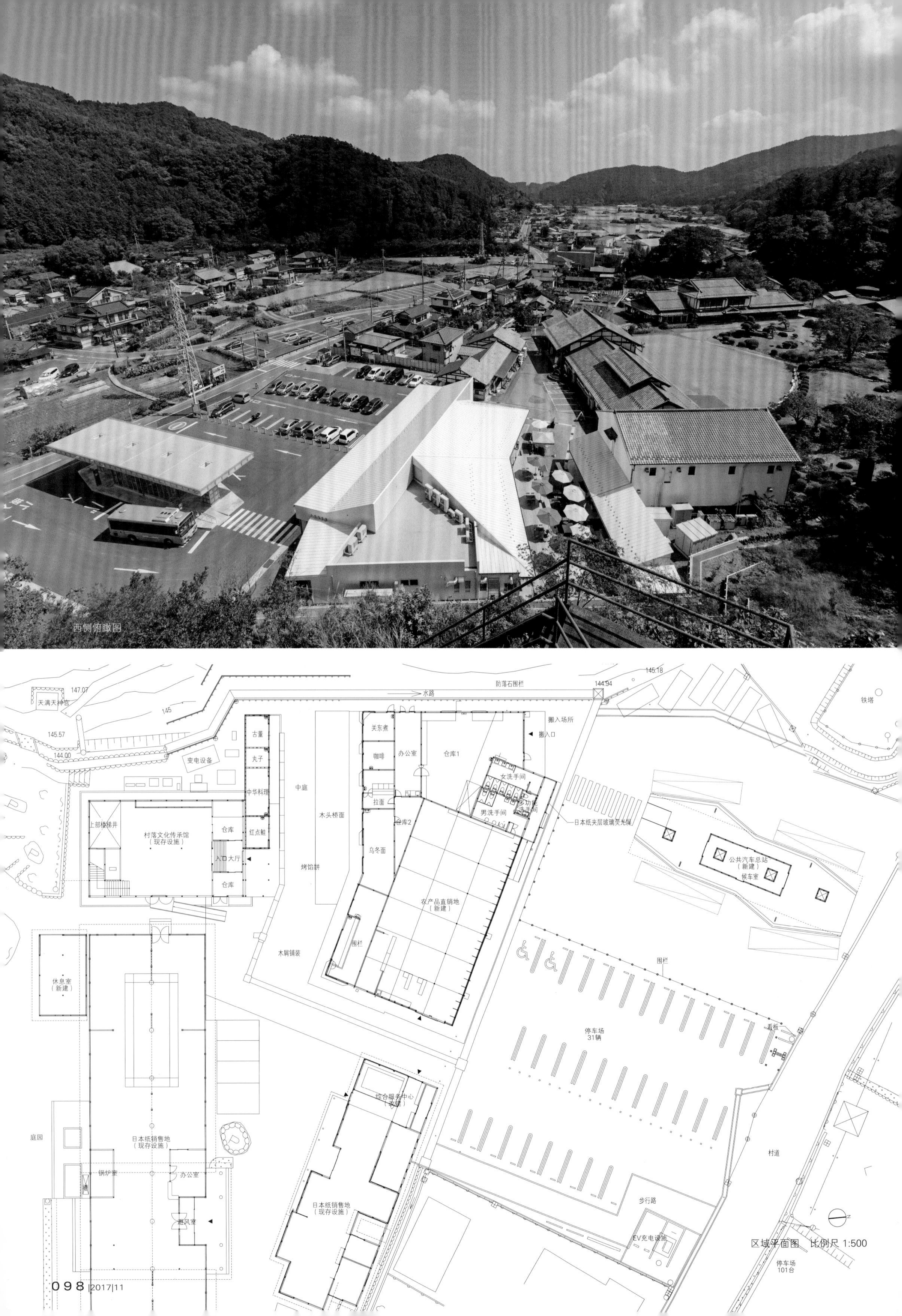
147.07
天满天神宫
145
145.57
144.00
变电设备
古董
丸子
中华料理
红点鲑
上部楼梯井
村落文化传承馆
（现存设施）
仓库
入口大厅
仓库
中庭
木头桥面
烤馅饼
木屑铺装
水路
防落石围栏
144.94
145.18
关东煮
咖啡
拉面
乌冬面
办公室
仓库1
仓库2
搬入场所
搬入口
女洗手间
男洗手间
多功能洗手间
日本纸夹层玻璃荧光屏
农产品直销地
（新建）
围栏
铁塔
公共汽车总站
（新建）
候车室
围栏
停车场
31辆
看板
休息室
（新建）
庭园
日本纸销售地
（现存设施）
锅炉室
办公室
避风室
综合服务中心
（新建）
日本纸销售地
（现存设施）
村道
步行路
EV充电设施
停车场
101台
西侧俯瞰图

区域平面图　比例尺 1:500

农产品直销地内观。双坡屋顶的坡度基本上在一半的位置就趋于平缓，中庭一侧是四坡屋顶，这样可以最大限度控制建筑的体积。四坡屋顶和双坡屋顶的屋顶偏差部分用作卖场顶部边灯的安装位置

农产品直销地

设计：建筑：松本康弘建筑工房
结构：田中哲也建筑结构策划
设备：细贝设备设计室
施工：槻川住建工业
用地面积：1919.72 m²
建筑面积：684.61 m²
使用面积：647.50 m²
层数：地上1层
结构：木质结构
工期：2017年6月–10月
摄影：日本新建筑社摄影部（特别标注除外）

（项目说明详见第155页）

农产品直销地——日本纸的大教堂

该计划的主体之一——农产品直销地・外部商铺过去距离日本纸之乡2 km左右，此次迁移到日本纸之乡。此外，由于村内没有直接展现细川纸魅力的空间，所以此次用易懂的方式传达细川纸的魅力也是非常重要的。

东秩父村种植了大量的扁柏、杉树，为了能够最大限度挖掘该村落魅力，结构材料尽可能使用村产木材。组装成格子形状的扁柏在北・东面全部贴上玻璃，安装83个贴有细川纸的窗户。在透过日本纸射入的柔和阳光下，摆放着新鲜的蔬菜。到了晚上，整个建筑宛如一个大灯笼。

（松本康弘）

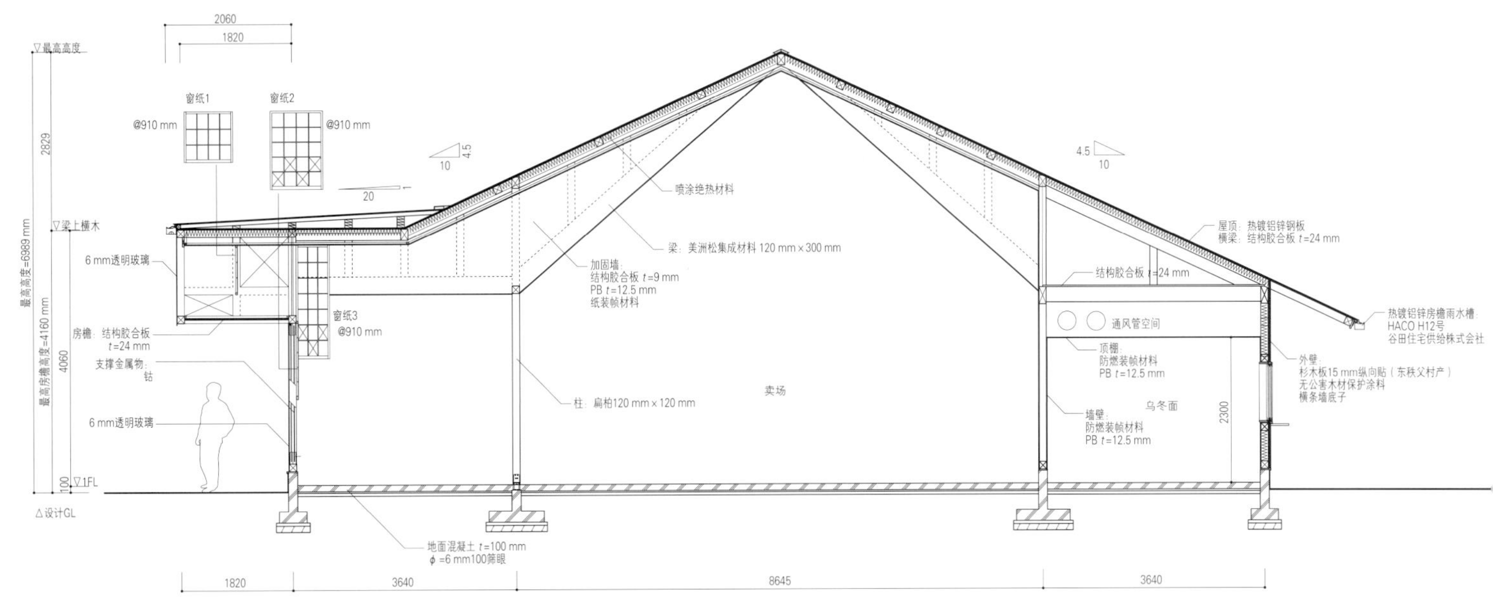

农产品直销地剖面图　比例尺 1:120

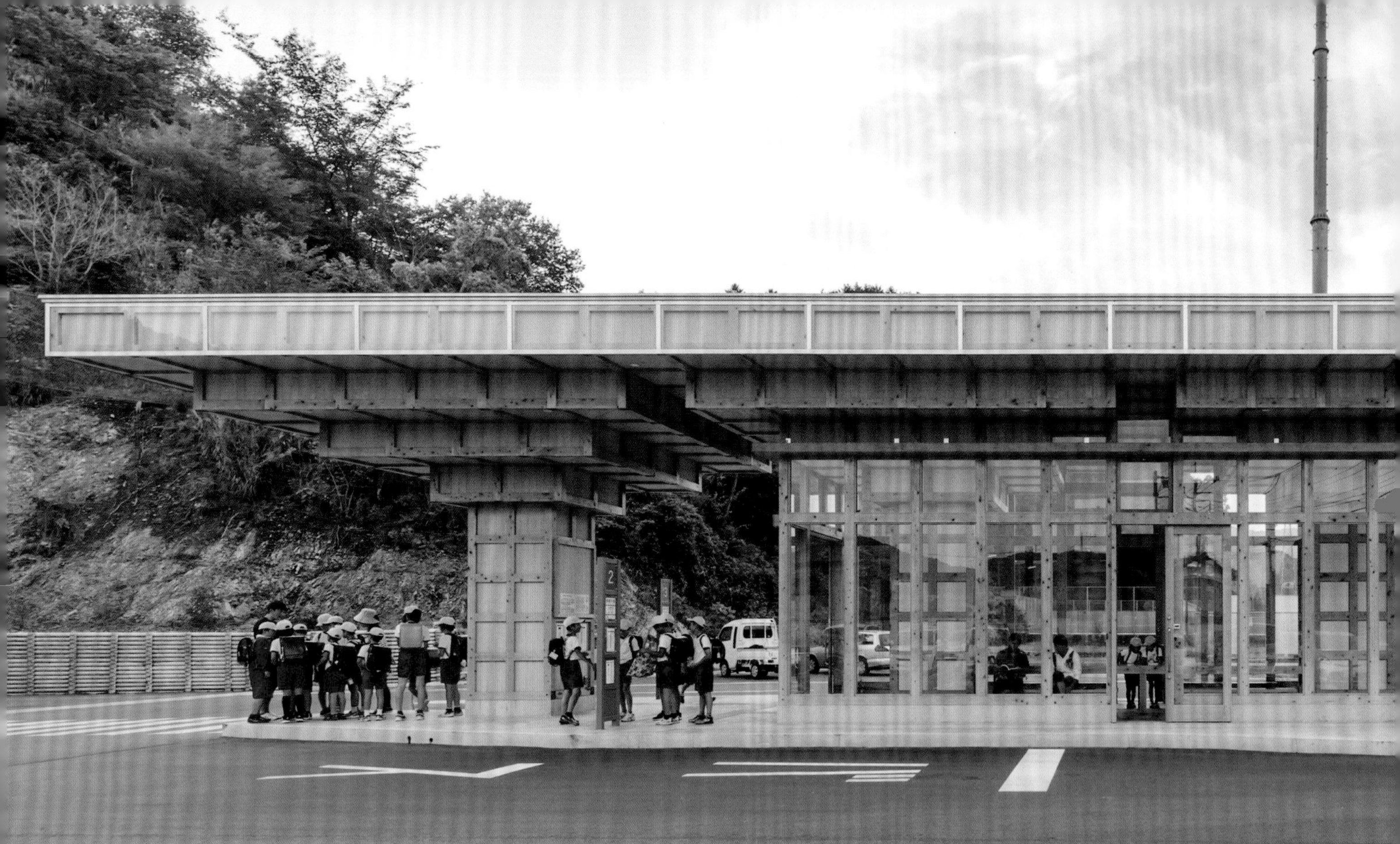

公共汽车总站，东侧全景。因为用地东侧邻近小学，校车也在这里停车，每当放学的时候有很多小学生在此候车

日本纸与木材建造，温馨的汽车总站

沿着前方道路修建的公共汽车总站外观仿佛叠放的箦桁（制造日本纸用具）。结构材料为扁柏，外壁装饰为杉木板，候车室的内部装饰材料一部分使用日本纸，所有的建材都是村产材料，目的是让这个建筑给村民们一种亲切感。

另外，公共汽车总站最多可以停放4台大型公交车，并且为了不让乘客从公交车上下来时被雨水淋湿，建造了由扁柏和结构壁构成的大柱子支撑的屋顶，这些柱子中间安装落水管，搭建雨水流出的通路，雨水能够顺着管道流淌到地基下的砂石（浸透层）中。

（水谷勉）

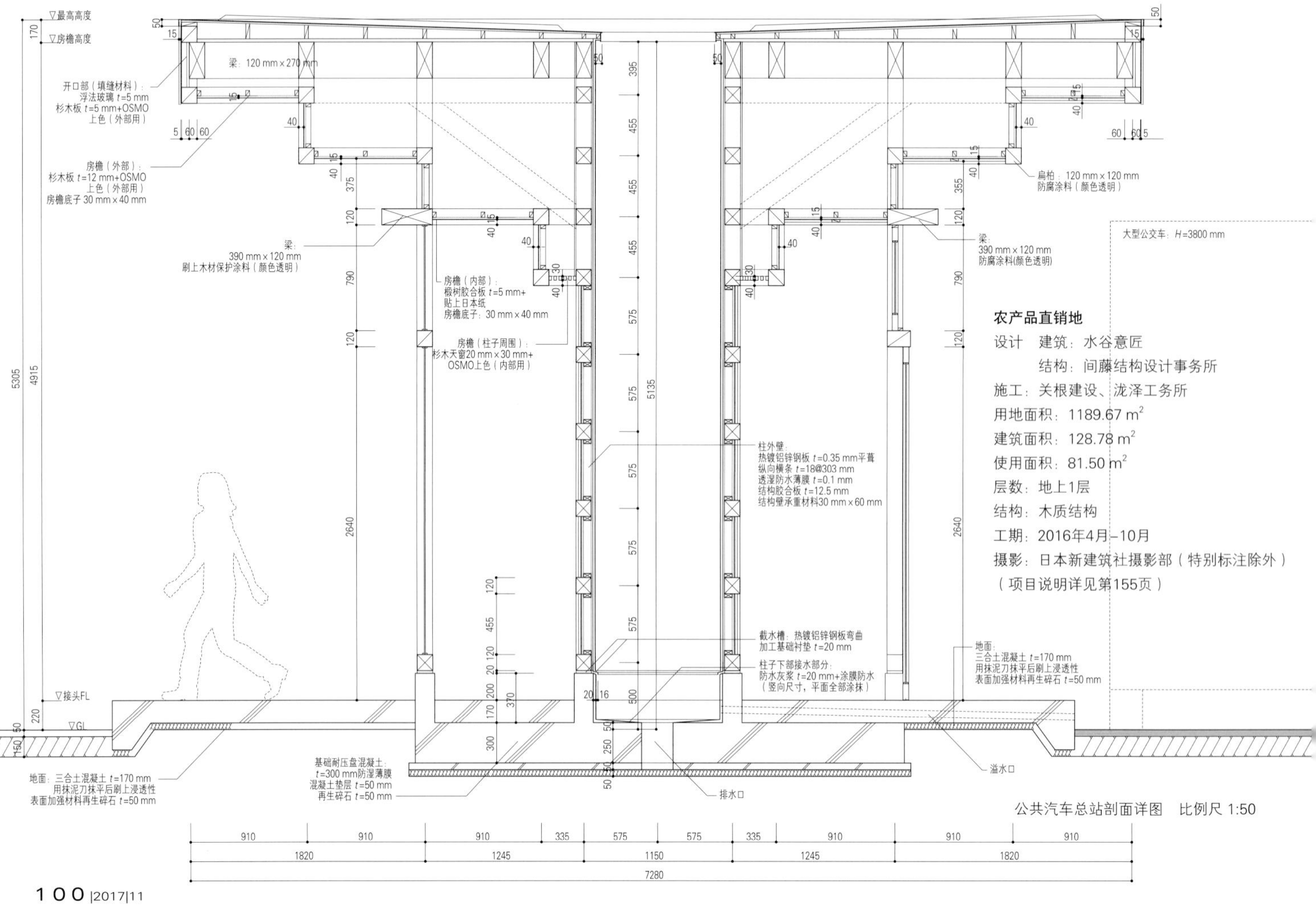
▽最高高度
▽房檐高度
梁：120 mm×270 mm
开口部（填缝材料）：
浮法玻璃 t=5 mm
杉木板 t=5 mm+OSMO
上色（外部用）
房檐（外部）：
杉木板 t=12 mm+OSMO
上色（外部用）
房檐底子 30 mm×40 mm
梁：
390 mm×120 mm
刷上木材保护涂料（颜色透明）
房檐（内部）：
椴树胶合板 t=5 mm+
贴上日本纸
房檐底子：30 mm×40 mm
房檐（柱子周围）：
杉木天窗20 mm×30 mm+
OSMO上色（内部用）
扁柏：120 mm×120 mm
防腐涂料（颜色透明）
梁：
390 mm×120 mm
防腐涂料(颜色透明)
大型公交车：H=3800 mm
柱外壁：
热镀铝锌钢板 t=0.35 mm平葺
纵向横条 t=18@303 mm
透湿防水薄膜 t=0.1 mm
结构胶合板 t=12.5 mm
结构壁承重材料30 mm×60 mm
截水槽：热镀铝锌钢板弯曲
加工基础衬垫 t=20 mm
柱子下部接水部分：
防水灰浆 t=20 mm+涂膜防水
（竖向尺寸，平面全部涂抹）
地面：
三合土混凝土 t=170 mm
用抹泥刀抹平后刷上浸透性
表面加强材料再生碎石 t=50 mm
▽接头FL
▽GL
地面：三合土混凝土 t=170 mm
用抹泥刀抹平后刷上浸透性
表面加强材料再生碎石 t=50 mm
基础耐压盘混凝土：
t=300 mm防湿薄膜
混凝土垫层 t=50 mm
再生碎石 t=50 mm
排水口
溢水口
910 910 910 335 575 575 335 910 910 910
1820 1245 1150 1245 1820
7280

农产品直销地

设计　建筑：水谷意匠

　　　结构：间藤结构设计事务所

施工：关根建设、泷泽工务所

用地面积：1189.67 m^2

建筑面积：128.78 m^2

使用面积：81.50 m^2

层数：地上1层

结构：木质结构

工期：2016年4月–10月

摄影：日本新建筑社摄影部（特别标注除外）

（项目说明详见第155页）

公共汽车总站剖面详图　比例尺 1:50

候车室内观。室内柱子和顶棚都使用了细川纸

屋面板：t=12 mm（排水坡度）
结构胶合板：t=24 mm
底子调整材料
梁（结构）：扁柏
120 mm × 180 mm
910
装饰梁：扁柏
120 mm × 120 mm
面板：杉木板 t=15 mm
装饰短柱：
扁柏120 mm × 120 mm
梁（结构）：
扁柏120 mm × 180 mm
檐头梁（结构）：
扁柏120 mm × 240 mm
装饰梁：
扁柏120 mm × 120 mm
装饰短柱：扁柏
120 mm × 120 mm
※万向轴
顶棚面板：杉木板 t=15 mm
装饰梁：扁柏120 mm × 120 mm
结构材料

公共汽车总站 檐头复原详图　比例尺 1:20

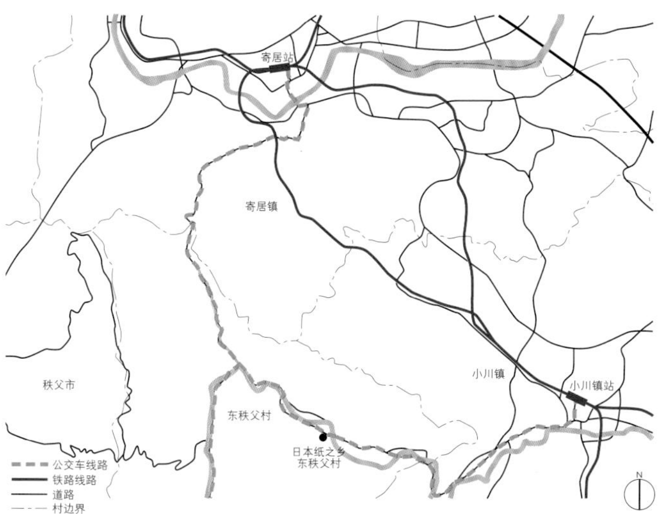

广域区域图　比例尺 1:15 000　公交线路中心化以及铁路车站的便利化，促进了远足游客等的使用

为了活用村产材料而产生的技术创新

★选择木质的理由：

农产品直销地是拥有东秩父村木头香味的空间。而且日本纸的原料是植物纤维，此次建设是想要让建筑也是同样的组成成分。宏观来看的话，我们的意愿是让“日本纸之乡”的称位与再生产可能的木材资源相契合。

公共汽车总站是首先映入来访者眼帘的建筑物，因此大量使用了当地产的木材，让它担当起介绍村落林业的职责。而且，为了让人们切身感受木材产生的温暖舒适感，这个公共汽车总站从结构到收尾全部都采用木材建造。

★材料：柱：天然扁柏木材
　　　梁：天然扁柏木材、美洲松集成木材
　　　收尾：天然杉木木材

★生产・流通：置办：东秩父村
　　　　　　加工：小川镇（埼玉县中央部森林组合）
　　　　　　组装・施工：东秩父村

★施工方法：木质结构原有建造方法

★用地条件：都市计划区域外

★用途：农产品直销地、餐饮店/公共汽车总站、候车室

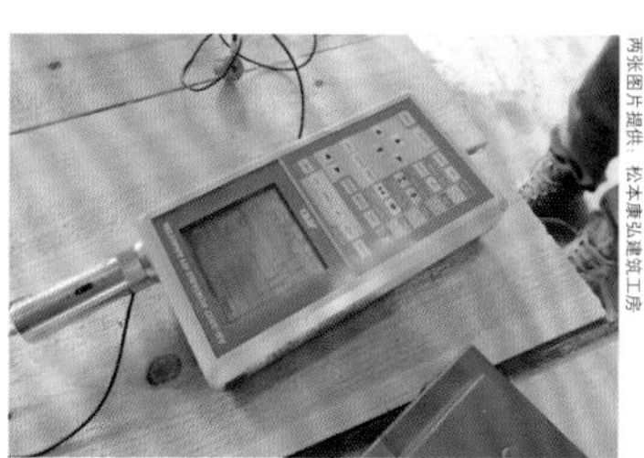

两张图片提供：松本康弘建筑工房

打击试验

村产材料从埼玉县中央部森林组合置办而来。当时，为了确认当地产材的性能，根据负责结构设计的田中哲也先生（田中哲也建筑结构策划）的提案，在这次使用的柱子・梁制成材料之际进行打击试验来计算结构。打击试验委托宇都宫大学农学系的石栗太副教授来进行，用时两天完成。

首先，依次用重量计、数字卡尺等测量仪器测量每根木材的重量、尺寸，计算出密度。而且还要用含水率测定仪测定出含水率。用塑料锤对各试验体一面的木口面进行打击，通过计测器得到一次共振周波数。用材料密度和共振周波数计算出振动的杨氏模量（弹性模量），最后根据“制材日本农林规格”把每个部件材料按照等级划分（E50~E150）。在限定的工期内完成制材，综合考虑预切的工期和场所的确保等因素，对69根主要的柱子・梁等重要部件材料进行了试验。

（松本康弘+水谷勉）

熊本县立熊本辉之森支援学校

设计　日建设计公司＋太宏设计事务所

施工　建吉・丰企业联营体　武末建设　小竹・富坂企业联营体　坂口建设　增永组

所在地　熊本县熊本市

KUMAMOTO PREFECTURAL KAGAYAKINOMORI SUPPORT SCHOOL

architects: NIKKEN SEKKEI + TAIKOU ARCHITECTURE OFFICE

教学楼大厅一景。两侧悬臂桁架组成跨距为8m的大型无柱空间，确保乘坐轮椅的人能顺利出入。熊本县有良好的木材加工与流通系统，本次支援学校的建设不用集成材，全部采用单板层积材。在法律上，木结构建筑被认定为“其他建筑物”。但是通过将木结构与钢筋混凝土的耐热结构相结合，使大规模建造传统木结构建筑有了可能

教学楼间的广场一景。教学楼间设有外部空间，不仅确保了采光和通风，还可作为灾难发生时的直接避难所

管理楼下一景。因为很多学生上下学由家长开车接送，因此设计可以多辆车同时并排停车的停车处。考虑到大型巴士、轮椅等的停放，将进深和高度设计为4 m

铭刻于心的景色

这是一所为重度残疾和有认知障碍的孩子建造的学堂。这所学堂如此设计的目的是让成长中的孩子们在学习生活中发展身心，并将这里的景色在记忆中留存。

占地位置在俯瞰熊本的一个叫作“千原台”的高地。此设计使建筑物融入了周围的低层住宅，柔和的坡屋顶更是与周围的连山相呼应。校舍旨在让人们感受到人与树木的共存，为学习“走路”和“吃饭”等日常生活能力的孩子们提供贴心的环境。框架形式各不相同的屋顶架构都有一定的深度，孩子们如果躺下来仰视顶棚会别有乐趣，即使行走的时候也能感受到景色的变化。

守护孩子的成长

教学楼的大厅由8个教室包围而成，这样能促成教室间老师们的协作，也创造了孩子们能够更多感受到别人目光的环境。这里配备了贴近日常生活的多元化教育空间，例如，可以躺着学习的加设空间、与之并设的可自己通过匍匐移动行进的加设卫生间、可连接或者分割教室的拉门等。

此地拥有避难所的功能，在2016年4月熊本地震中，此处几乎无损伤，我们的“安全、安心”的教育理念也为区域安全做了贡献。同年5月学校开学，孩子们的脸上洋溢着笑容重归学校，在此希望熊本早日重振。

（中岛究＋高木研作／日建设计）

（翻译：崔馨月）

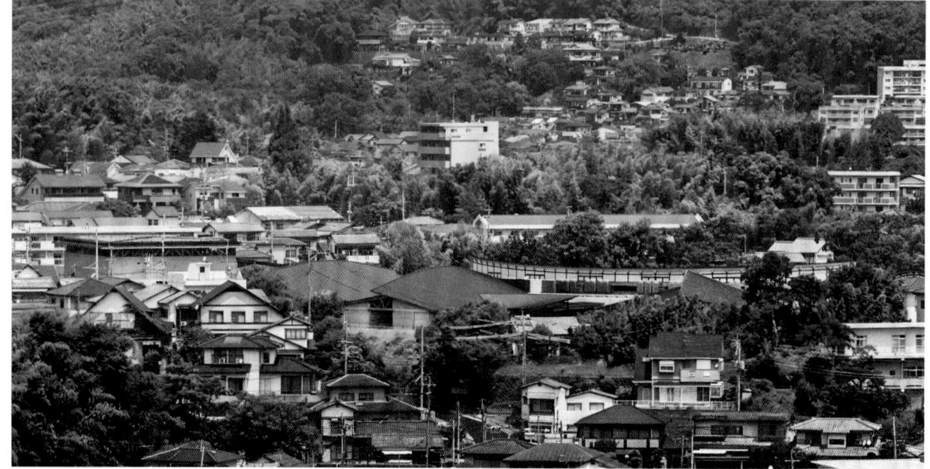

南侧远景。配合周围低层住宅，旨在建设一所与周围环境相融合的校舍

区域图　比例尺 1:10 000

教学楼西南侧。桁架高度不同，因此屋顶呈曲面

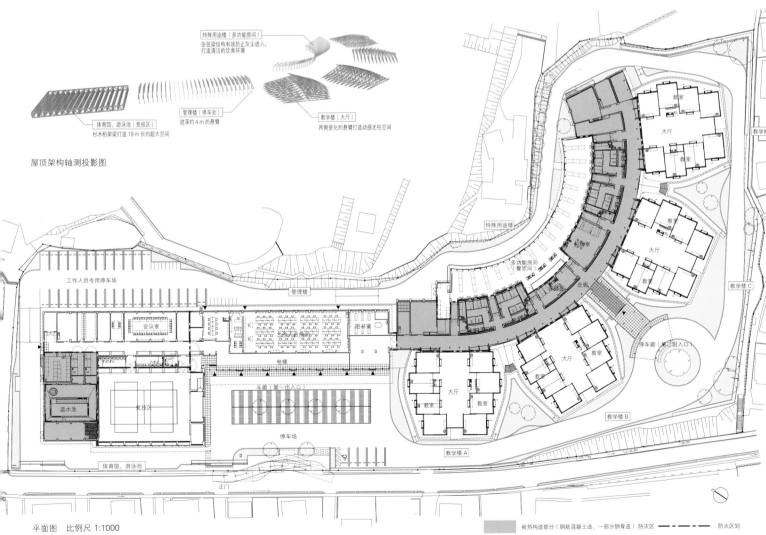

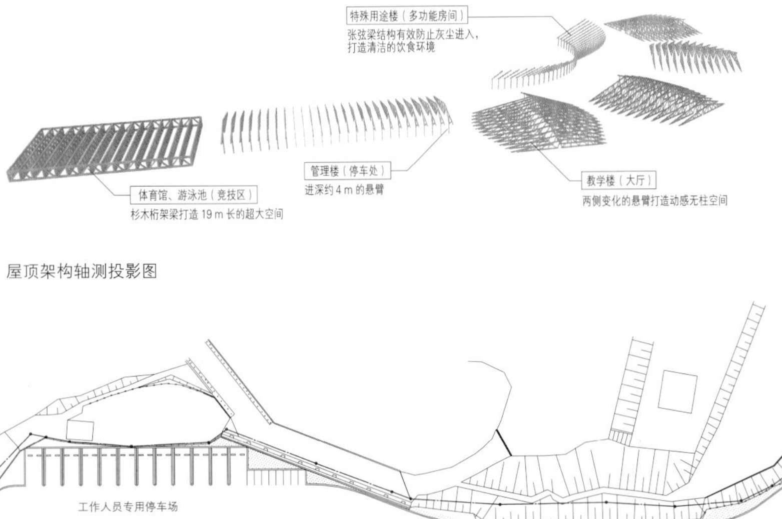

特殊用途楼（多功能房间）
张弦梁结构有效防止灰尘进入，打造清洁的饮食环境

体育馆、游泳池（竞技区）
杉木桁架梁打造 19 m 长的超大空间

管理楼（停车处）
进深约 4 m 的悬臂

教学楼（大厅）
两侧变化的悬臂打造动感无柱空间

屋顶架构轴测投影图

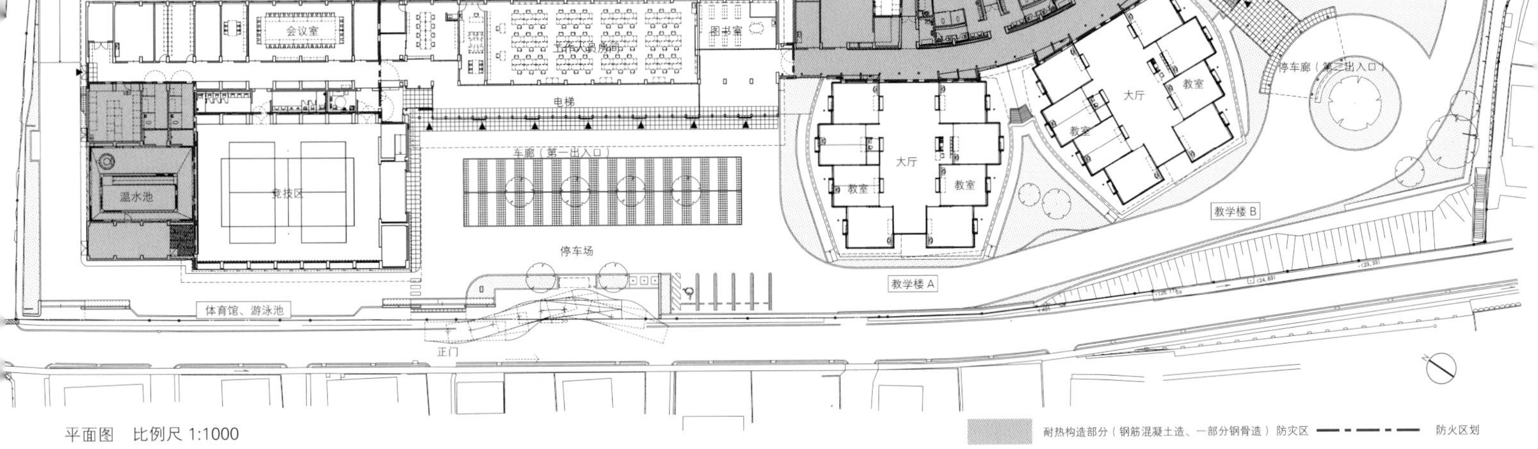

工作人员专用停车场
管理楼
特殊用途楼
多功能房间（餐饮间）
会议室
图书室
电梯
车廊（第一出入口）
竞技区
温水池
停车场
体育馆、游泳池
正门
走廊
教室
大厅
教学楼 A
教学楼 B
教学楼 C
停车廊（第二出入口）

平面图 比例尺 1:1000

耐热构造部分（钢筋混凝土造、一部分钢骨造）防灾区 防火区划

竞技区。木质屋顶，高1.8 m的木质桁架梁打造超大空间

多功能房间。连接各教室的最短路线，配合地势设计成曲线。屋顶架构上，从卫生方面考虑，采用钢筋张弦梁结构，营造无灰尘环境

出入口。左手侧为工作人员房间

设计　建筑：日建设计 + 太宏设计事务所
结构・设备：日建设计
施工　建筑：建吉・丰企业联营体
武末建设
小竹・富坂企业联营体
坂口建设
增永组
用地面积：14 207.35 m²
建筑面积：6821.42 m²
使用面积：6184.74 m²
层数：地上 1 层
结构：木质结构　部分钢筋混凝土结构　部分钢结构
工期：2013年8月 – 2014 年11月
摄影：日本新建筑社摄影部
（项目说明详见第156 页）

从大厅看向教室。大厅周围的教室呈连接式排列，教师可在教学楼内关注孩子。楣窗的玻璃将教室与大厅相连，并且在桁架的装饰下教室与大厅形成自然过渡

上：西北俯瞰一景。连绵起伏的屋顶设计/下：从东北方向看向特殊用途楼。屋顶考虑北侧环境设计成斜坡状

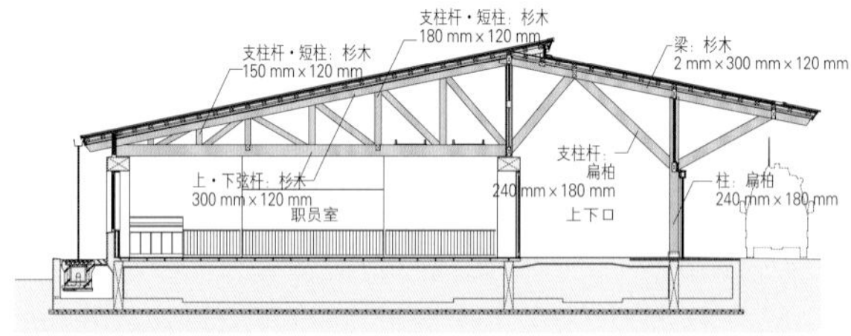

管理楼剖面图　比例尺1:300

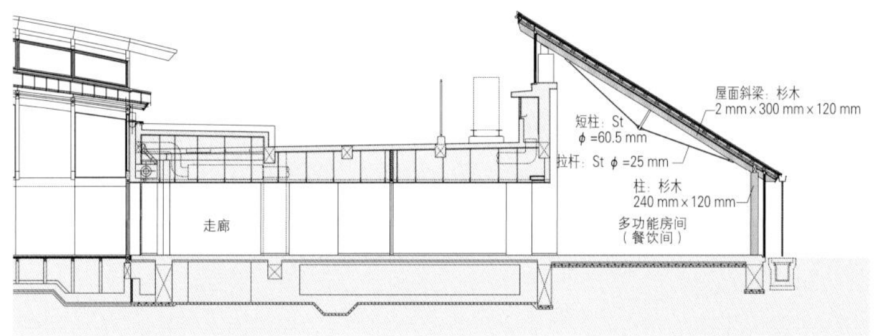

特殊用途楼剖面　比例尺1:300

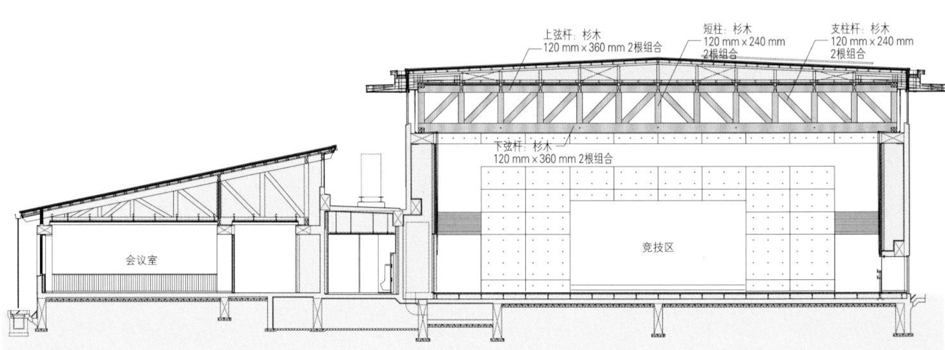

体育馆、游泳池楼剖面图　比例尺1:300

由本地单板层积材制造的桁架结构打造超大空间

使用本地单板层积材建成大规模木结构房屋的方法

熊本县木材制造业发达，大规模房屋都采用本地的“单板层积材”而不是集成材。设计前详细调查了制材的种类、剖面尺寸、最大长度和强度等，并将这些都考虑在设计当中。木结构的基本形状为桁架，矩节点的抗压处嵌入榫，拉伸处将螺栓拉伸并使之有阻力。教学楼大厅的悬臂桁架营造出8 m长超大跨度无柱空间，并配有“花瓣形”的平面形设计，整体结构连绵起伏，富有节奏感。

综合考虑防灾和结构，区划了主要构造为耐热的部分和其他木结构部分，并且各区划内可独立避难。

（加登美喜子＋高木研作／日建设计）

教室一景。教室间为拉门，可根据需要自由开关。从施工阶段开始，根据实体模型，对老师和孩子们对空间高度的要求和各隔断内卫生间使用情况进行了试验，并将结果反馈给施工现场

★选择木质的理由：
熊本县木材制造业发达，委托方想用木结构修建公共设施的要求和设计师想为身体不方便的孩子们营造温馨环境的想法也由此达成一致。施工材料在县内加工，充分发挥组装技术，全部采用单板层积材手工加工，力求打造“纯熊本县木结构”

★材料：杉木、扁柏

★生产・流通：熊本县

★施工方法：木质轴组工法（教学楼）
木质屋顶＋钢筋混凝土抗震墙壁刚性构架（教学楼以外木结构部分）

★用地条件：中高层居住用地　日本《建筑基准法》第22条指定地区

★用途：特别支援学校

★耐火性能：无（保证纯钢筋混凝土结构部分有耐火性）

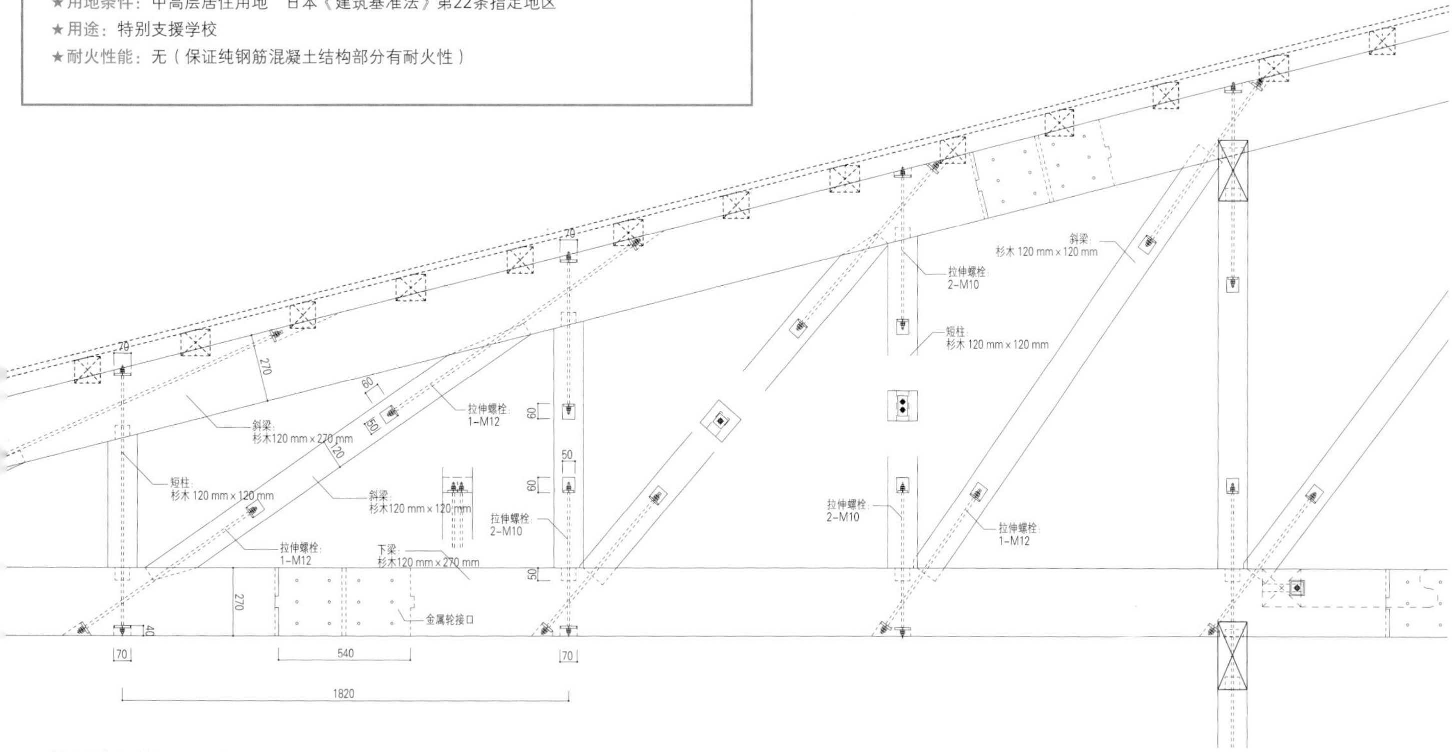

教学楼框架详细图　比例尺1:30

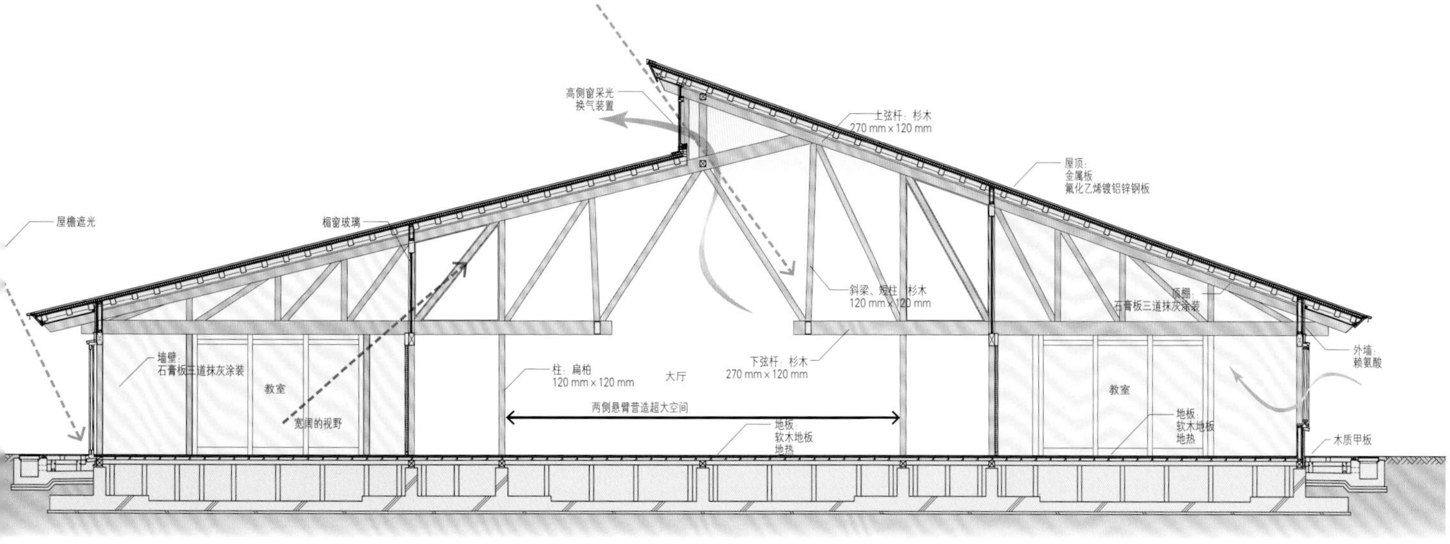

教学楼剖面图　比例尺1:150

妙全院　客殿

设计　原尚建筑设计事务所

施工　前川建设

所在地　东京都町田市

MYOUZENIN RECEPTION HALL
architects: HISASHI HARA ARCHITECTS

供施主（约250人）举行法事的客殿。歇山屋顶式的房架结构。75 mm的短柱与30 mmx75 mm的小断面木材交叉拼接，多段格状横梁。空调装置采用太阳能系统

抄经室（左）和坐禅室（右）。每周都会举行法事，夏季在此举行一年一度的"施饿鬼"法事（为施食饿鬼而举行的法事活动）。举办不同的法事，房间的门窗隔扇变化位置。墙壁主要材质为硅藻泥

抄经室正对面是正殿，“施饿鬼”的时候打开隔扇，两个房间就能连通。左侧通过玄关与庭院相连。夏天的时候无须打开屋顶，通过上方的窗户及屋檐两侧就可以达到散热的效果。通过庭院的洒水装置也能起到降温的作用

抄经室的隔扇关着的时候，沿墙壁的隔扇向两侧展开。冬季，屋顶聚集的热量通过电扇传送到地面。混凝土材质聚集的热量与地面的暖风共同给室内供暖

东南侧外观。朝南的屋顶部安有聚热玻璃顶棚以及集热板。朝北面的屋顶安装有夏季用于换气的窗户

此项目为位于丘陵地区的一座禅寺，毗邻白洲次郎的“武相莊”，古往今来有很多人曾在此居住。按照主持的要求，举行“施饿鬼”法事时，客殿和主殿要打通为一体且可容纳约250人。

客殿的主要用途分三个方面。

1. 施饿鬼：一年一度，在盛夏时节，白天大约一个小时的时间举办法事，容纳100人。

2. 法事：周末的中午前后，会有多个团体来此举办法事，平均每次10到20人出席活动。平时几乎没有人使用。

3. 其他：施主团体的会议、坐禅会、诵经会等。

不强求，不浪费

以禅的思想为基本，该项目的宗旨是不强求，不浪费。建筑将禅的思想融入功能、结构。投入使用时，最大使用限度与平时差距非常大。室内最拥挤的时候就是施饿鬼的时候，一年一度，而且只是夏季的一两个小时，如果安装大型空调的话一定会产生浪费的问题，许多寺庙也同样面临高额管理费等问题。因此，我们为了在合理的预算下避免浪费，最大限度地利用了风能和太阳能。同时，通过甲板连接主殿和客殿形成临时座席也减少了客殿的占地面积。

取代层积结构，采用流通结构，通过木结构轴组法连接每个房架结构，把预算控制在预期内。借用古人的智慧，参考江川太郎左卫门的府邸，考虑空气的流动，借助均等的小断面房梁，使空气流动顺畅。夏季举行“施饿鬼”法事时，由于人员大量聚集产生的热向上流动，通过歇山式屋顶的高窗及天窗排出热气。庭院里的洒水装置还可通过边缘带入凉爽的空气。即使没有空调，通过这些设计，室内也能维持27度左右的温度。南面的大屋檐可以遮挡太阳光。

守护身心的地方

为了在冬季也能使如此大的房间保持温暖，采用被动式太阳能装置吸收阳光，天气好的时候，凭此就可以保持18度左右的室温。以前的客殿温度只能达到10度左右，现在由于对着外围双层玻璃的隔扇向两侧展开，空气层变为三层，有效减少了散热。并且这套系统的耗电量仅为40～200 W/h，即使是紧急情况下一个小型发电机也能持续运转。守护人的身心，这是寺庙的用途所在，也是我们的设计理念。

（原尚）

（翻译：崔馨月）

设计・设备：原尚建筑设计事务所
结构：多田脩二结构设计事务所
施工：前川建设
用地面积：610 m^2
建筑面积：222 m^2
使用面积：215 m^2
层数：地上1层
结构：木质结构
工期：2016年5月～2017年2月
摄影：日本新建筑社摄影部
（项目说明详见第156页）

区域图　比例尺1:3000

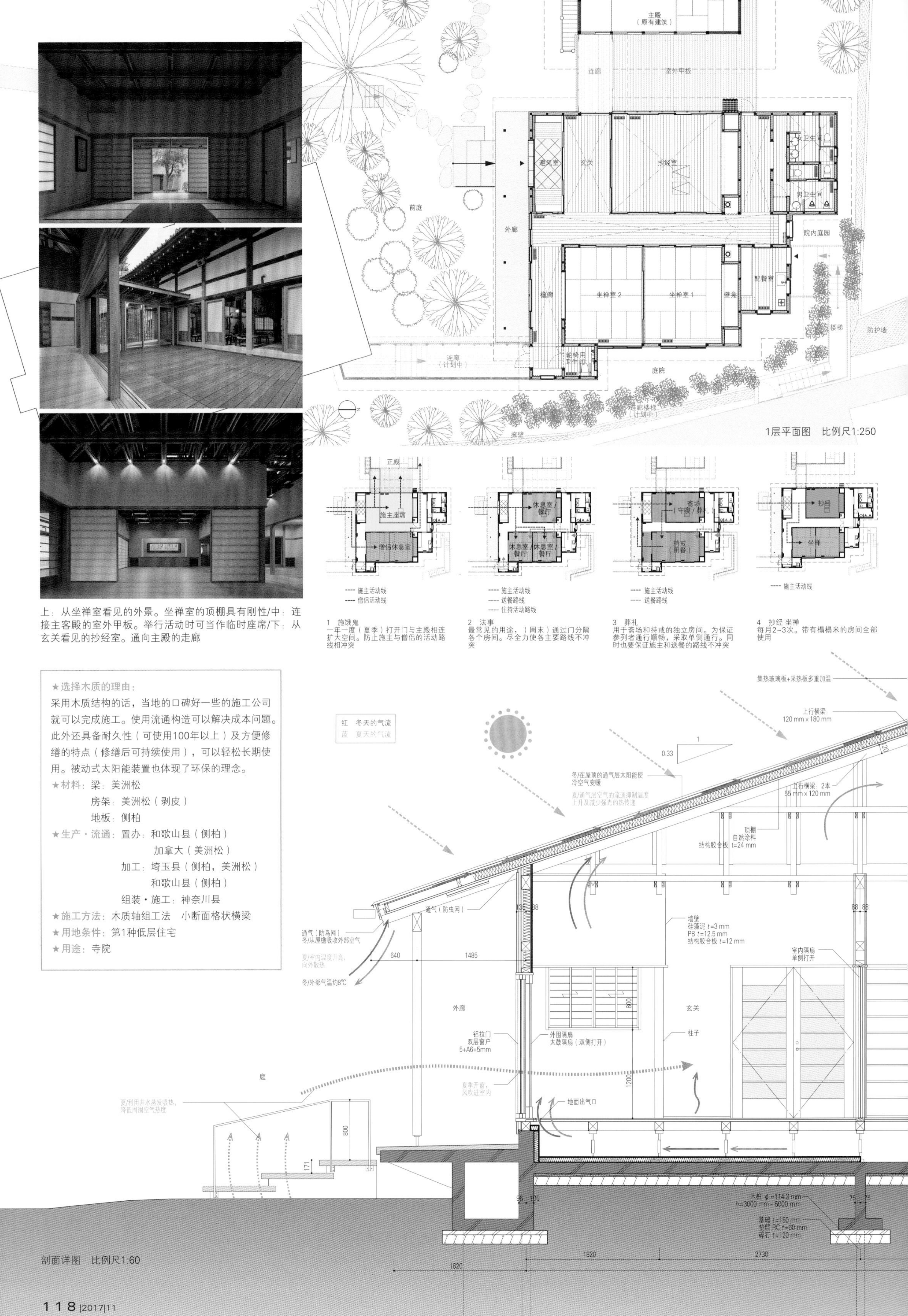

上：从坐禅室看见的外景。坐禅室的顶棚具有刚性/中：连接主客殿的室外甲板。举行活动时可当作临时座席/下：从玄关看见的抄经室。通向主殿的走廊

★选择木质的理由：
采用木质结构的话，当地的口碑好一些的施工公司就可以完成施工。使用流通构造可以解决成本问题。此外还具备耐久性（可使用100年以上）及方便修缮的特点（修缮后可持续使用），可以轻松长期使用。被动式太阳能装置也体现了环保的理念。

★材料：梁：美洲松
房架：美洲松（剥皮）
地板：侧柏

★生产・流通：置办：和歌山县（侧柏）
加拿大（美洲松）
加工：埼玉县（侧柏，美洲松）
和歌山县（侧柏）
组装・施工：神奈川县

★施工方法：木质轴组工法　小断面格状横梁

★用地条件：第1种低层住宅

★用途：寺院

由小断面木材制作的多段格状房梁

制作小断面原材料

截面全部为正方形，考虑屋顶的斜线限制和自然换气功能，以及与正殿的搭配，设计歇山式屋顶。

木材全部为方形侧柏。房架为大型的小断面多段格子房梁。水平面木材为30 mmx75 mm双层侧柏，由横竖高度为910 mm格子构成。

使用便于施工的小断面材料，整体稳定。由于东面和北面为起居室靠近屋顶十分稳固，由中间面向正殿方向西面是开放的状态。

小断面格状房梁的组装

高为3.2 m处安装临时木板，沿着定位轴线固定短柱，夹住两根水平木材，此时即使不加工榫卯部分，交点处单面可用一根小螺丝固定（双面需两根），施工过程更加简化。考虑到弯曲变形，将临时木板提升9 mm。采用木质螺钉防止螺栓松动。

一个交点处的施工很简单，但是由于整体有无数交点，实际施工时需要激光测量，从临时组装到整体完工需要一定的时间（仅房架部分就需要2.5个月）。

（原尚）

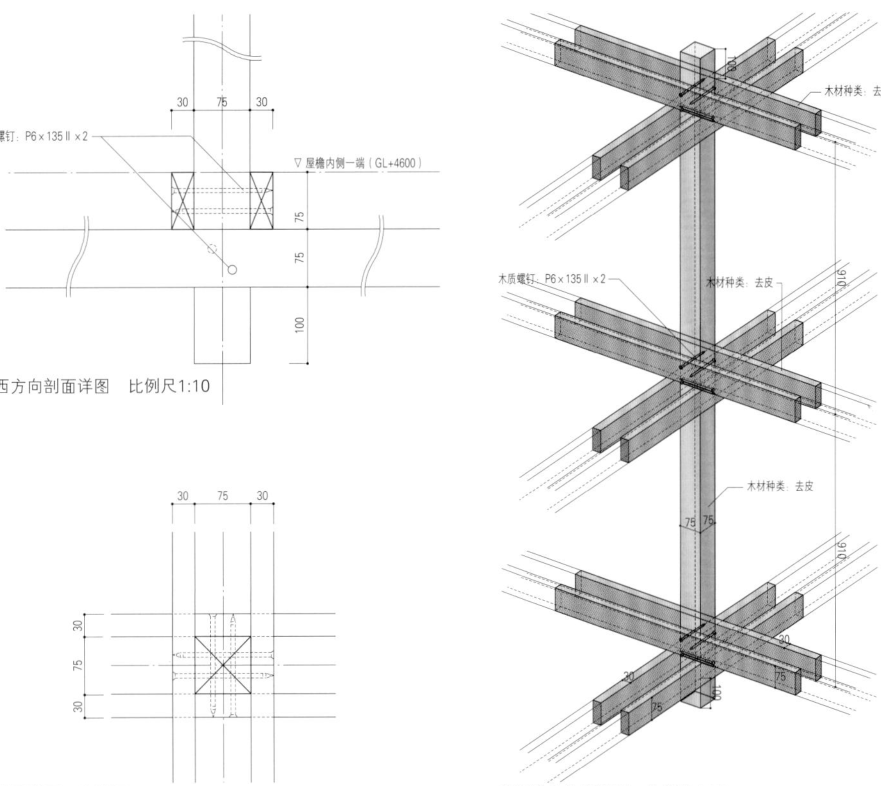

东西方向剖面详图　比例尺1:10

俯瞰图详图　比例尺1:10

房架接合处透视图　比例尺1:25

左上：临时木板的制作/右上：在临时木板上组装/左下：内部/右下：临时固定工作

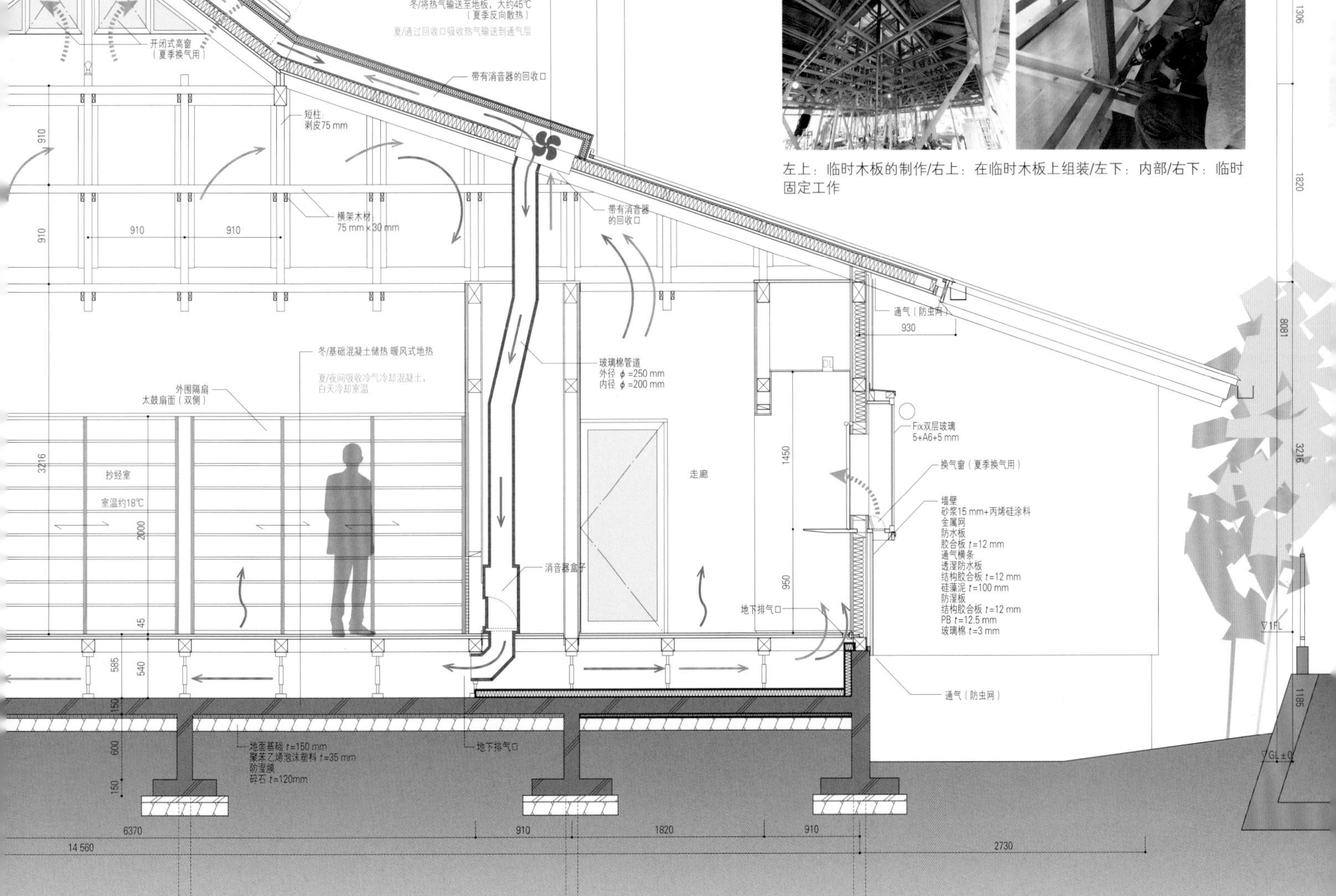

校际联合会议中心食堂——山百合

设计　七月工房+SITE一级建筑师事务所

施工　相羽建设

所在地　东京都八王子市下柚木

INTER-UNIVERSITY SEMINAR HOUSE・DINING HALL YAMAYURI

architects: ATELIER SHICHIGATSU + ATELIER SITE

食堂内景。为纪念校际联合会议中心成立50周年，建造该食堂。建筑使用多摩木材制造的规格材，采用应用于民房的“木质轴组工法”建造。为充分利用4000 mm的定尺板材，在3640 mm为单位的模数板块内安置120 mm规格角柱。将4×4间（日式建筑长度单位，一间约合1818 m）的空间作为一个构造单位，四周均衡分布构造墙，实现内墙最少化的整体空间效果

传统建筑方式

“校际联合会议中心”坐落于东京首都圈外的多摩丘陵，四周被自然环绕，1965年起正式投入使用。建造缘起于20世纪60年代人们对大学教育的担忧，由饭田宗一郎提议，吉阪隆正和U研究室共同设计。会议中心的建造顺应多摩丘陵地势，随后扩建形成建筑群，整体贴合自然，轮廓分明。这一建筑群是吉阪隆正“不连续统一体”的实际例证。为纪念会议中心开设50周年特建“新食堂”楼。

建筑团队决定首先在倾斜的山坡上利用混凝土铺设人造土地，然后采用民房建筑手法——“木质轴组工法”建造公共设施。原因有以下三点。

1.将施工交给当地工匠，便于后期维护管理。

2.轻化建筑，削减成本。

3.打造温和木质空间。

这一建筑理念延续“青藏高原小学建造项目”（详见第124页）的做法——因地制宜，让当地工匠使用当地材料建造。

历经50年的钢筋混凝土建筑的修缮成为一大社会难题。正是如此，我们任用掌握传统建造技术的工匠，利用多摩本地常见木材进行建造，确保建筑物的长久使用。为此，我们计划建造“木结构DOMINO住宅”（详见第124页）。该方案需组合4个2×2间模数板块合成一个构造单位，然后在构造单位外围均衡设置构造墙，内部设置独立柱。座位共200个，按聚餐、宴会等不同功能划分区域，充分利用柱子展现自由的平面空间。斜坡地面上钢筋混凝土基础部分为地下1层，其上木结构部分为地上1层，不受防火法规限制，构建出木结构空间。

2006年拆除的宿舍——Unit House群旧址上，我们在进行“校际联合会议中心·建造不停止”露营活动时修建了樱花环绕的赏花广场，食堂选址就在这处视野极佳的山脊上。

人造土地（架空层）下方建有架顶的屋内阳台，站在连接室内空间的高台上可将丹泽山地及富士山尽收眼底。

（齐藤祐子/SITE+岛田幸男/七月工房）

（翻译：朱佳英）

东北侧晚景。以钢筋混凝土为基础在高度差约为6m的斜坡上建造人工地基，随后在此基础上建造木结构平房作为食堂。从地基到房顶的最大高度为9914 mm。为加固楼体在所有钢筋混凝土基础柱子和梁上设置木柱

四张图片提供：网络

左：2004年于海拔4300 m的高原上用石块堆砌建成的藏族小学/右：2008采用彝族传统营造方式建造的小学迎来开学典礼

左：2009年举行的“校际联合会议中心·建造不停止”露营活动现场。食堂用地原先为设有混凝土预制板和U形沟的赏花广场/右：2017年5月同一活动现场。在食堂东侧建造与山谷相连的台阶

建筑与露营活动有感

有两个体验式讲座的活动。一个是由学生和社会人士一起参加的活动，在2003年—2009年期间，在青藏高原建造两所小学。另一个是至今仍在继续的“校际联合会议中心·建造不停止”露营活动。在青藏高原小学建设活动中，我们分别为居住在海拔4300 m高原上的游牧民族藏族和定居的稻作民族彝族建造小学。当时的方案是为继承少数民族历史和文化，将民居建造方法应用于公共建筑。

会议中心从成立之初到现在扩建形成建筑群。然而随着时代变迁，访客日益减少，2005年用于住宿的Unit House只留下一部分，其余拆除，整体建筑样貌发生改变。于是，我们决定从2006年开始进行“校际联合会议中心·建造不停止”露营活动，开启感受吉阪隆正建筑思想之旅。活动内容为修建新道路，重刷扶手油漆和修筑小广场等。

2011年日本大地震过后建材价格高涨，于是决定在此时开始设计的“山百合”中使用当地常用建材和民房建造方式。为将建筑重新拉回我们自身可控的日常生活中，我们的活动一直在持续。

（齐藤祐子/SITE）

★选用木质的理由：
为从有限的工程经费中节省基础工程支出，考虑采用轻质的木结构建筑。选取应用于中型建筑设计且便于后期养护管理的传统木结构建筑方法。
★材料：柱子：杉木
横梁：杉木
基础梁：扁柏
★生产·流通：因地制宜。使用多摩产木材，请多摩当地工匠施工
★施工方法：“木质轴组工法”、“木结构DOMINO住宅”营造法
★用地条件：市街化调整区域（抑制城市化）
★用途：研修住宿设施
★防火性能：内装：防燃材料

上：从露台眺望西南方。远处可见丹泽山地与富士山/下：北侧正面图

木结构DOMINO住宅

“木结构DOMINO住宅”开发始于建造低成本高质量的木结构房屋，将木结构民房建造方法应用于中型建筑，其具备以下三大优点：1）延长住宅寿命，2）减少能源消耗，3）使施工合理化。

特征是外围设置结构墙而内部无结构墙，户主可自由组合空间。此外，为方便日常生活中各种设备管道及电路配线的检查和更新，设置应急电源空间，电路为外露配线。

本项目为供当地人使用的中小型公共建筑，使用的木材可由当地建材工厂生产，对促进地区经济也有一定作用。

（迎川利夫/相羽建设）

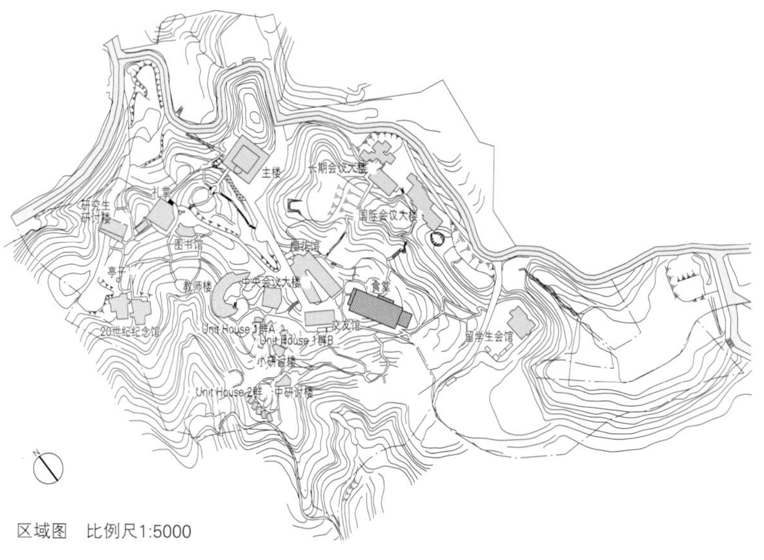

区域图　比例尺1:5000

西南侧俯瞰。食堂楼体全长约40 m。各研修、住宿建筑依地形而建

食堂座位东侧。横梁上方设置斜柱，用于平衡与屋顶的高低差

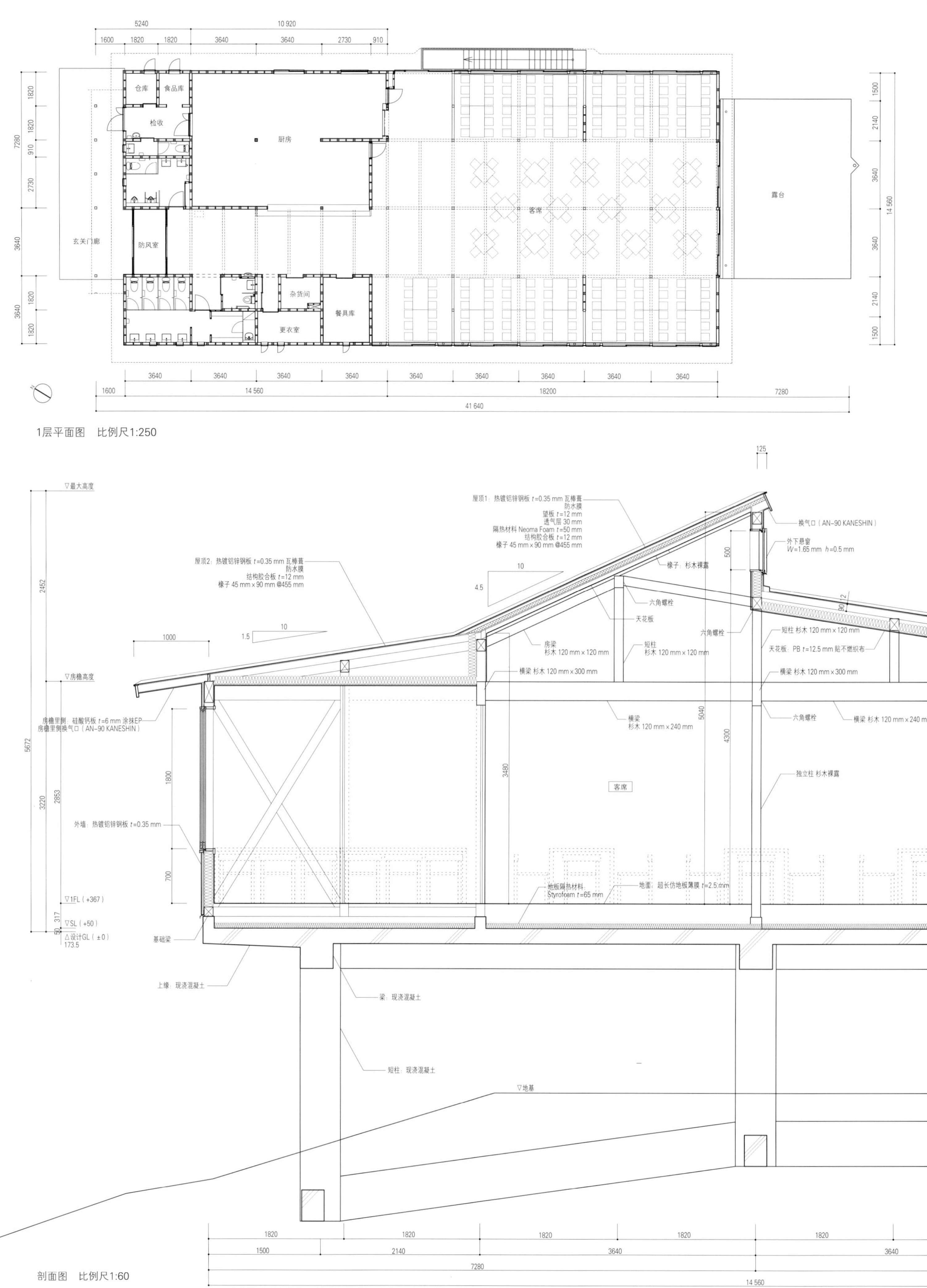

1层平面图　比例尺1:250

剖面图　比例尺1:60

人工地基上建木结构平房

该建筑木结构部分建造计划概要如构造图所示，轴组基本跨度：3640 mm，小屋梁：2960 mm，屋顶倾斜：4.5寸、1.5寸（参照轴组图）。轴组设计整体均衡。建材灵活应用当地材料。此外，结构上还有如下特色。

1）由于建筑用地为斜坡，建造钢筋混凝土基础部分作为人工地基，在其上建木结构主体，从正面看呈混合结构。基础采用直接基础（带状地基）。

2）柱子与横梁的材料为杉木，基础梁选用日本扁柏，均为经过加工的板材。考虑供应商情况，板材尽可能使用规格材（4 m）。

3）承重墙采用结构复合板墙，在食堂内部设置承重墙同时设置斜柱，使空间得到有效利用。（参照1层地板构造平面图）。

4）柱子与钢筋混凝土基础连接部分用钻孔螺栓连接，应对木结构所产生的拉力。并且为加固楼体，所有基础柱和梁上均设置木结构柱。

（山边丰彦/山边结构设计事务所）

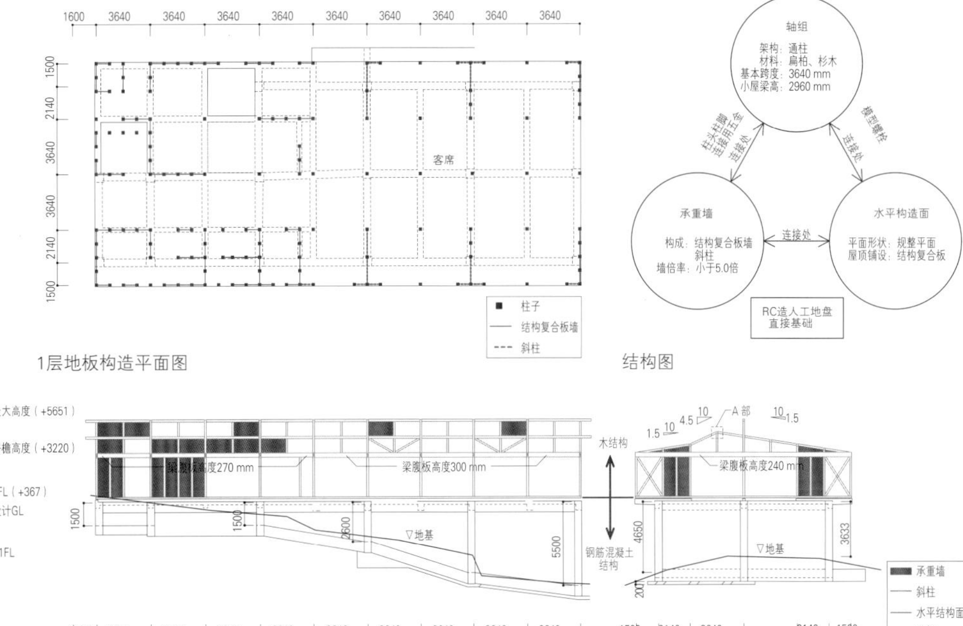

1层地板构造平面图

结构图

轴组　比例尺1:500

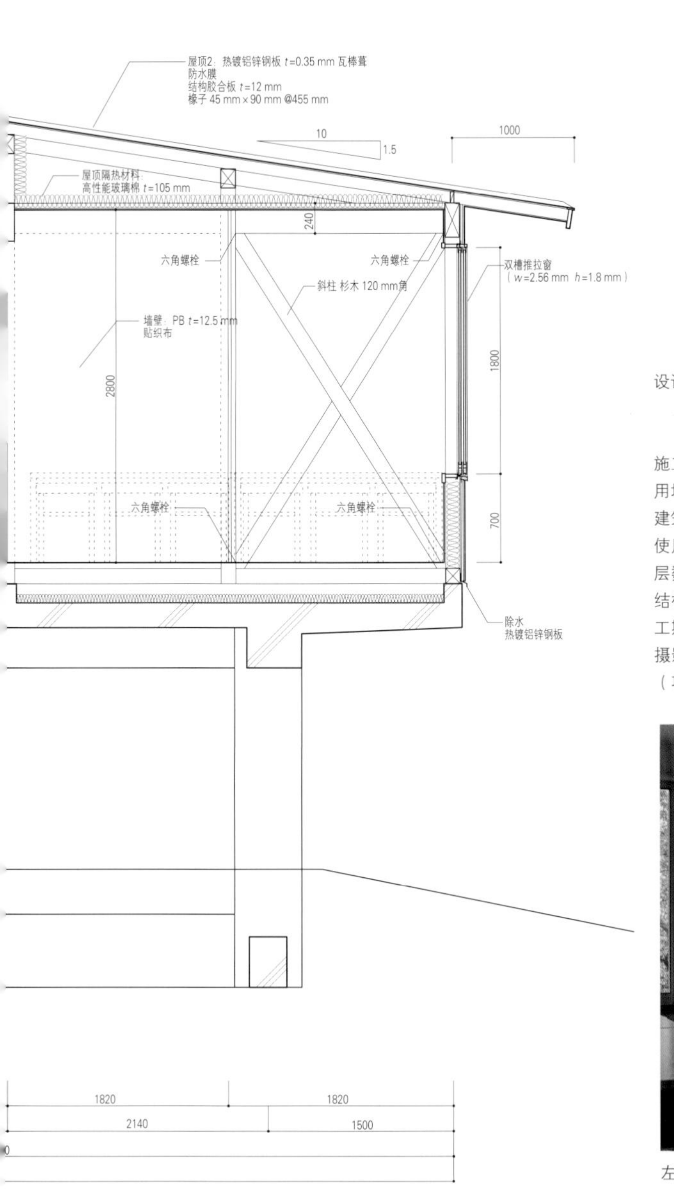

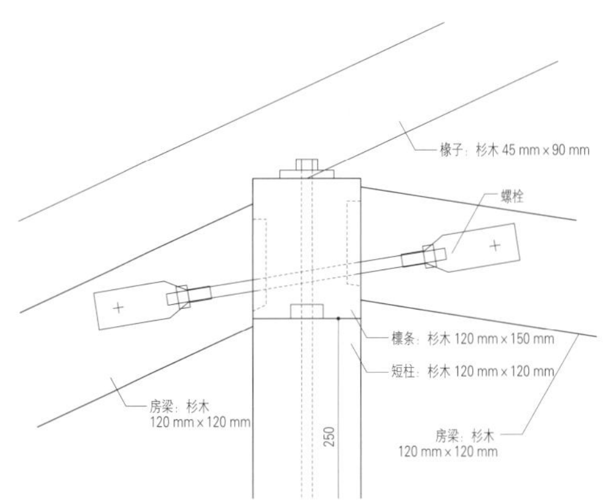

轴组梁柱连接处（A部分）　比例尺1:10

设计　建筑：七月工房+SITE一级建筑师事务所

结构：山边结构设计事务所

设备：长谷川设备计划

施工：相羽建设

用地面积：60 358.68 m^2

建筑面积：572.97 m^2

使用面积：572.05 m^2

层数：地下1层　地上1层

结构：木质结构　部分为钢筋混凝土结构

工期：2016年3—11月

摄影：日本新建筑社摄影部

（项目说明详见第157页）

左：斜柱连接的情形/右：轴组柱子与横梁接合部分。使用标准螺栓连接

明治神宫 CAFÉ "Mori no Terrace"

设计　Oak Village木质建筑研究所
施工　Oak Village
所在地　东京都涩谷区
MEIJI JINGU CAFÉ MORI NO TERRACE
architects: OAK VILLAGE WOODEN ARCHITECTURE LABORATORY

北侧外观。随着JR（日本铁道）原宿站的改建，该建筑搬迁至明治神宫的南参道入口处，是一处新建的休息场所。它是一栋不使用金属，仅利用传统木桁结构建成的木质建筑

北侧傍晚景色。开口部使用低反射玻璃，使建筑融入绿意盈盈的森林中

木屋与明治神宫森林

JR原宿站改建时，增设了明治神宫一侧的检票口。因此，作为明治神宫休息处所使用的那栋一层钢筋造建筑也进行了迁移，在此地开始重新修建。

明治神宫在2020年将会迎来建成100周年的纪念日。在创建当时，这块土地还是一望无际的荒原，后来开始在这里建造神社，种植树林。很多年轻人种下树木，精心培育。种下的树木主要是常绿阔叶树，这种树木深得日本人民喜爱。当初预想建成理想的树林需要花费150年，没想到在快要100周年的时候，这里就已经长成了一个丰茂的树林。因为希望在明治神宫的南参道入口处建造一处与树林相辅相成的休息场所供人们使用，所以萌生了这样一个设计想法——像在树林中伫立的凉亭一般，让人们在休息的时候可以感受到从树叶间隙洒入的阳光以及树木散发的清香。该建筑利用木质房屋的传统建造方法，能够经得住漫长岁月的磨砺。另外，对于该建筑还有一个期望。由明治神宫所保管的那片树林中，一部分树木因为台风和大雪倒下了，所以希望新的建筑可以利用这些倒下的树木来建造。于是，入口正面的接待处和长柜台使用了这里培育的榉树和银杏，店内的门窗使用了樟树，室内飘荡着一缕缕树木的清香。同时，桌子面板和椅子由破损的榉树、栎树、枹栎、樟树、樱树木材制成。

先人们预想了百年后的这片树林，选择了适合这片土地的树种，所以我们今天才能在明治神宫看到如此繁茂的树林。在这片树林的恩泽下，木屋诞生了。与先人相同，我们预想百年后伫立在这里的建筑，想到了日本全国各地历经百年风雨仍然伫立至今的建筑中就有木质建筑。为了构建循环型社会，需要使用无限的资源来建造。综合这些因素，我得出了该项目的最佳建造材质——木材。

（上野英二/Oak Village木质建筑研究所）

（翻译：李佳泽）

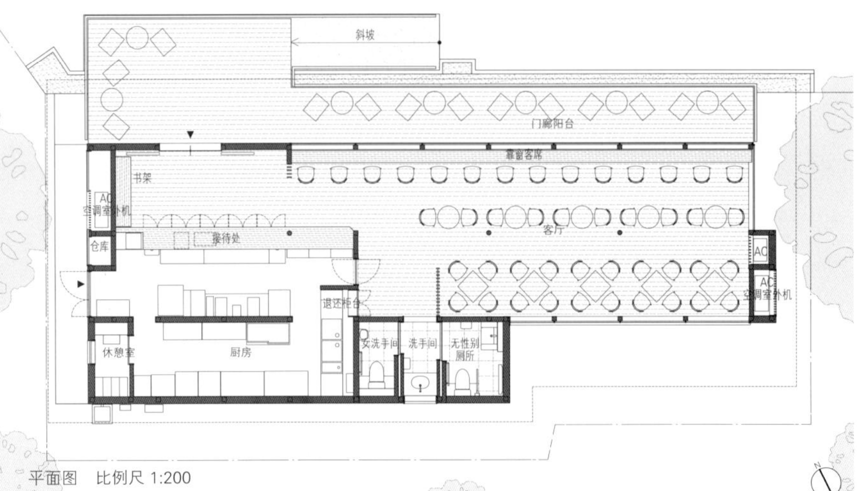

平面图　比例尺 1:200

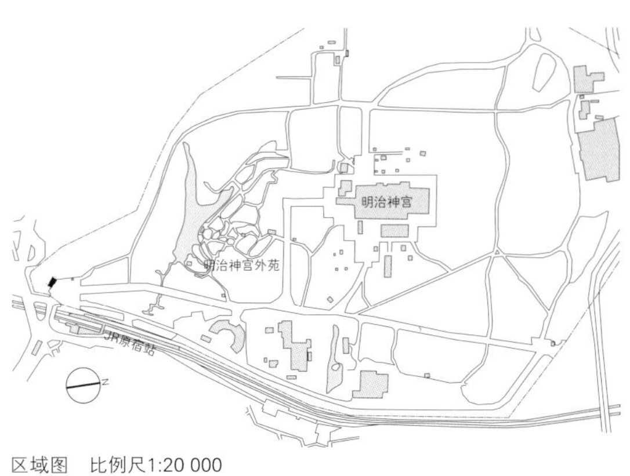

区域图　比例尺1:20 000

长柜台使用榉树和银杏，店内的门窗使用樟树，桌子面板和椅子使用榉树、栎树、枹栎、樟树、樱树，这些木材全部为明治神宫树林中培育的树木

坐在客厅，隔着门廊可以看到南参道的鸟居（日本神社附属建筑，类似牌坊）。结构材料使用岐阜县产的扁柏木、杉木和五针松。包括结构材料在内的所有木材都是由位于飞弹高山的Oak Village加工。施工也是由该家公司负责

柱梁接合部。圆柱穿过榫木构件，与卯木构件交叉组合后，打入栓木

屋顶的施工情景。椽子间距为363.6 mm。屋顶用镀铝锌钢板瓦铺设，同时为了使房檐看上去轻盈，前端部分采用钢瓦平铺**

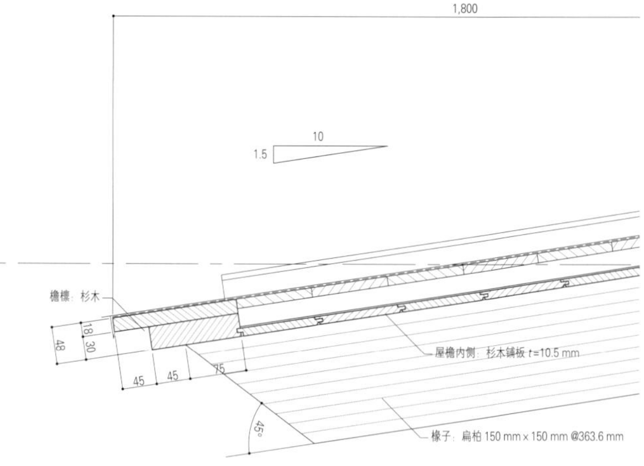

房檐详图　比例尺 1:10

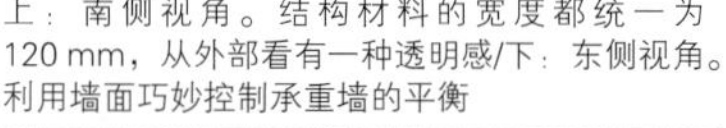

上：南侧视角。结构材料的宽度都统一为120 mm，从外部看有一种透明感/下：东侧视角。利用墙面巧妙控制承重墙的平衡

固定外壁窗的施工情景。这种施工方法在避免结构材料直接与外部空气接触的同时，结构材料也不直接施力于玻璃**

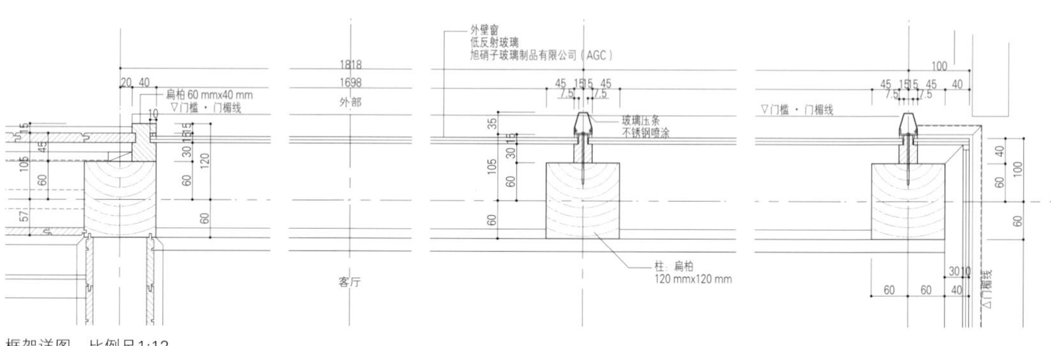

框架详图　比例尺1:12

★选择木质的理由：选择木质建筑是为了体现建筑与树林所构成的整体感，打造一处可以令人安心的宁静空间。木料采用日本国产的木材以及建造明治神宫建造时捐赠木材中的破损木。"再生・循环"，这是明治神宫的树林所蕴含的思想，它随处可见，在该建筑身上更是展现得淋漓尽致。

★材料：以下均为天然材质

结构材料：扁柏、杉树、五针松

室内装修材料，门窗：榉树、樟树、枹栎、银杏、杉树

家具：榉树、樟树、枹栎、白栎

门廊：风铃木

★生产・流通：

榉树、枹栎、樟树、银杏、白栎：明治神宫内由于自然灾害等倒下的破损木。材料由Oak Village进行干燥加工后存放于明治神宫。

扁柏、杉树、五针松：岐阜县产。加工：岐阜县

★施工方法：木质轴组工法

★用地条件：城市计划区域内、市街化区域、防火区域、第1种风致地区、日影规制地区、特别绿地保全地区、第1种文教地区、第2种高度地区

★用途：休息场所

设计：Oak Village木质建筑研究所

施工：Oak Village

用地面积：738 760.37 m^2

建筑面积：127.96 m^2

使用面积：107.96 m^2

层数：地上1层

结构：木质

工期：2016年9月–12月

摄影：日本新建筑社摄影部（特别标注除外）

*齐部功

**Oak Village

（项目说明详见第158页）

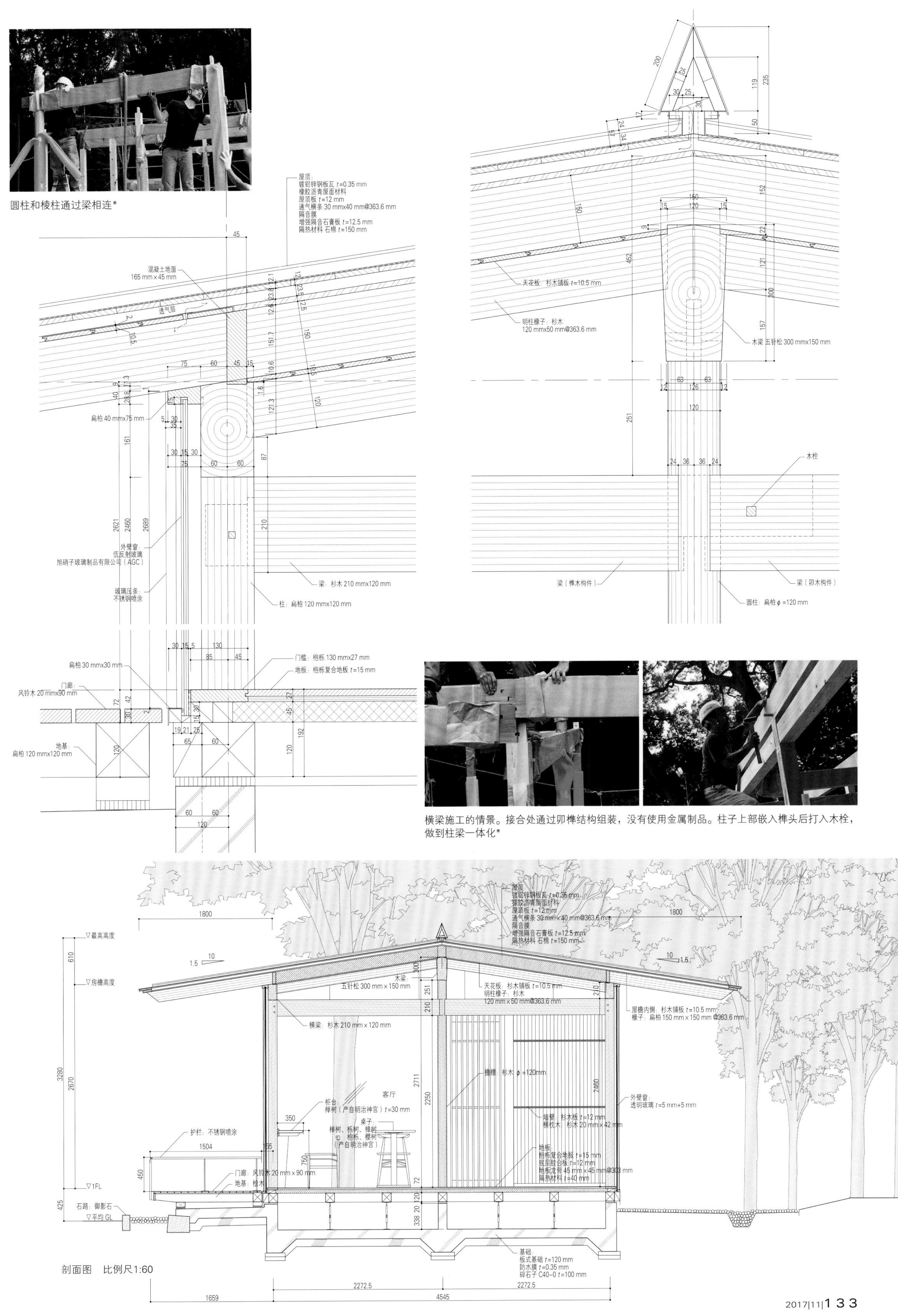

屋顶：
镀铝锌钢板瓦 t=0.35 mm
橡胶沥青屋面材料
屋顶板 t=12 mm
通气横条 30 mm×40 mm@363.6 mm
隔音膜
增强隔音石膏板 t=12.5 mm
隔热材料 石棉 t=150 mm
混凝土地面
165 mm×45 mm
透气层
扁柏 40 mm×75 mm
外壁窗：
低反射玻璃
旭硝子玻璃制品有限公司（AGC）
玻璃压条：
不锈钢喷涂
梁：杉木 210 mm×120 mm
柱：扁柏 120 mm×120 mm
扁柏 30 mm×30 mm
门廊：
风铃木 20 mm×90 mm
门槛：栂栎 130 mm×27 mm
地板：栂栎复合地板 t=15 mm
地基：
扁柏 120 mm×120 mm
天花板：杉木铺板 t=10.5 mm
明柱椽子：杉木
120 mm×50 mm@363.6 mm
木梁 五针松 300 mm×150 mm
木栓
梁（榫木构件）
梁（卯木构件）
圆柱：扁柏 ϕ=120 mm
▽最高高度
▽房檐高度
▽1FL
▽平均 GL
木梁：
五针松 300 mm×150 mm
横梁：杉木 210 mm×120 mm
天花板：杉木铺板 t=10.5 mm
明柱椽子：杉木
120 mm×50 mm@363.6 mm
屋檐内侧：杉木铺板 t=10.5 mm
椽子：扁柏 150 mm×150 mm@363.6 mm
檐檩：杉木 ϕ=120mm
客厅
外壁窗：
透明玻璃 t=5 mm+5 mm
柜台：
榉树（产自明治神宫）t=30 mm
桌子：
榉树、栎树、樟树、
樱树（产自明治神宫）
墙壁：杉木板 t=12 mm
横枕木：杉木 20 mm×42 mm
护栏：不锈钢喷涂
门廊：风铃木 20 mm×90 mm
地基：桧木
地板：
栂栎复合地板 t=15 mm
底层胶合板 t=12 mm
地板龙骨 45 mm×45 mm@303 mm
隔热材料 t=40 mm
石路：御影石
基础：
板式基础 t=120 mm
防水膜 t=0.35 mm
碎石子 C40-0 t=100 mm

圆柱和棱柱通过梁相连*

横梁施工的情景。接合处通过卯榫结构组装，没有使用金属制品。柱子上部嵌入榫头后打入木栓，做到柱梁一体化*

剖面图　比例尺1:60

所长室视角。事务所位于香川县丸龟市，临河而建。建筑采用柱与柱之间以横穿板贯通，在接合处用楔子固定的建造方法。顺房梁方向在房屋中央设置两根中柱，间隔2400 mm。横穿板与中柱相接，用于支撑建筑，取代南面的承重墙，打造出一个开放的空间

多田善昭新工作室

设计　多田善昭建筑设计事务所

施工　富田工务店

香川县丸龟市垂水町

NEW WORKPLACE OF YOSHIAKI TADA

architects: YOSHIAKI TADA ARCHITECT & ASSOCIATES

南侧夜景。横穿板向外伸出，上方架设横梁。为支撑房檐，将椽子的厚度控制为90 mm。横穿板采用60 mm×210 mm的水杉集成板

借鉴传统建筑创造全新空间

新工作室竣工前的34年里，我们一直将翻修过的日本大正末年建造的农用仓库作为工作室使用。该仓库于2002年被指定为“日本物质文化遗产”。我们切身感受到了它的传统结构与自然材质，并总结出建筑保存、活用等方法。这些最后都成为新工作室构想的出发点。

我一直将建造新建筑作为自己的本职工作，但山本忠司说：“要建造新建筑首先要深入了解传统建筑，这是建筑的一个基础”。因此，我从地方遗存的建筑着手，持续考察其结构、历史以及文化价值。以此为契机，我有幸参与本山寺五重塔的拆解修缮工作。比起对五重塔复杂的木结构所带来的苦恼，我更折服于它所呈现的美和性能的优良。这成为新工作室采用木结构的决定因素。

新工作室旨在“创造一个以柱为主的空间”，计划南面完全开放。结构设计师理解这一计划后给出建造设计的建议。与结构设计师的会面让我充分体会到自己作为委托人和建筑师的双重身份。作为本次设计主角的柱子，柱头由横穿板贯穿，柱脚则固定在地基的龙骨托梁上从而自然竖立。横穿板伸出屋外支撑房檐。该结构设计将木材承重发挥到最大限度，从而实现以柱为主的空间设计。结构房顶上方为大型覆盖房顶，不仅有效遮蔽内部空间，还可以发挥隔热作用。地基并非力学设计所热衷的形式，却可覆盖设备配管，利于维修管理，这样的设计别出心裁。新工作室的成形得益于从传统建筑汲取的智慧以及设计者长年累月的经验和不经意的机缘。

（多田善昭）

（翻译：朱佳英）

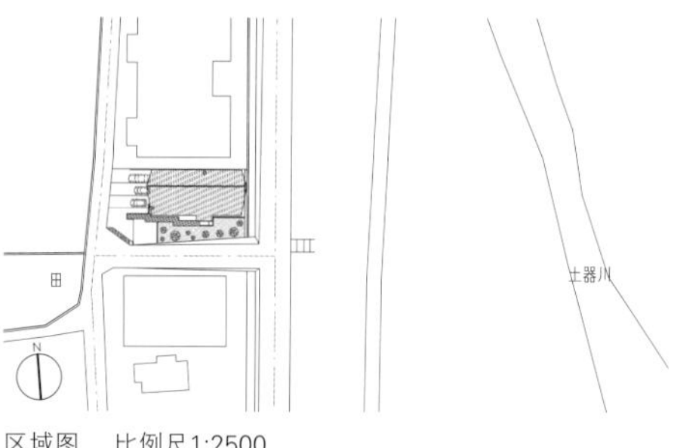

区域图　比例尺1:2500

设计　建筑：多田善昭建筑设计事务所
　　　结构：山田宪明结构设计事务所
　　　设备：中设备设计事务所
施工：富田工务店
用地面积：495.99 m^2
建筑面积：169.73 m^2
使用面积：138.24 m^2
层数：地上1层
结构：木质结构
工期：2016年9月–2017年2月
摄影：日本新建筑社摄影部
（项目说明详见第158页）

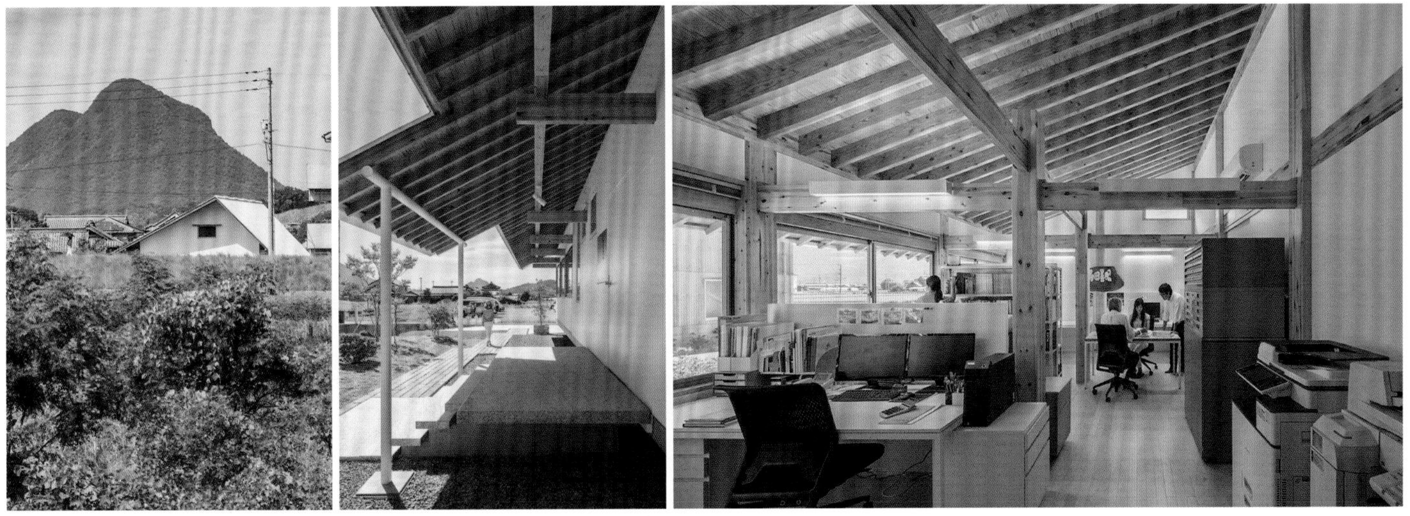

左：东侧堤坝视角。房顶倾斜度南面约26.5度，北面为45度。厚度为118.35 mm/中：玄关门廊外景。玄关部分房檐长度为3000 mm，用钢管支撑/右：设计室。建筑整体采用1200 mm的模数，设计室按2400 mm的间隔设置柱子与横穿板。天花板高度为2850 mm ~4493.2 mm。结构房顶的倾斜度南面约19度，北面约34.5度

南侧外观。结构房顶上放置覆盖房顶，用于隔热

左：玄关口。扁柏材质护墙板，墙壁部分宽90 mm，拉门部分宽46 mm。虽然宽幅减半但图案具有连续性/右：会议室入口的拉门。有访客到来时，考虑从玄关一侧要能看到拉门木条排列方式，将拉门表面照度设置为200xl。虽然控制了亮度，但依旧可分辨访客表情

★选择木质的理由：
迄今考察及修缮过重要文化遗产旧善通寺偕行社和三丰市指定文化遗产本山寺五重塔，结合在此过程中所学，将横穿木连接的双向框架作为抗震结构，建筑南面不再设置承重墙，整体未使用斜支柱而采用自然竖立的中柱，从而打造宽敞的空间。
★材料：柱子・横穿板・横梁：水杉集成板
木基础梁・龙骨托梁：扁柏
椽子：洋松
★生产・流通：加工・组装・施工：香川县
★结构：嵌入地基柱脚+由横穿板连接的双向框架结构
★用地条件：无指定用途、城市规划区域内、无防火规定
★用途：事务所

实现开放空间的双向框架

为实现没有承重墙的开放工作空间，房屋中央设置两列中柱（210 mm×210 mm，水杉集成板）。柱头柱脚连接双向框架抵抗力矩。柱脚插入地板下方的地基部分，利用1层地面以及地基两个不同水平高度固定。柱头两个方向（纵横）以横穿板（60 mm×120 mm，水杉集成板）贯通，高低错落，在各自方向形成抵抗力矩。室内独立的3根中柱在横穿板上方小墙处铺设板材以保证水平力的传导路径。为保证椽子的连续性，仅在横穿板上铺设而未延伸至顶棚。横梁方向的横穿板穿过边柱延伸至房檐下，上面架设横梁作为支点，同时限制椽子的长和宽，支撑1.8 m的房檐。

（山田宪明+辛股美/山田宪明结构设计事务所）

从玄关方向看会议室

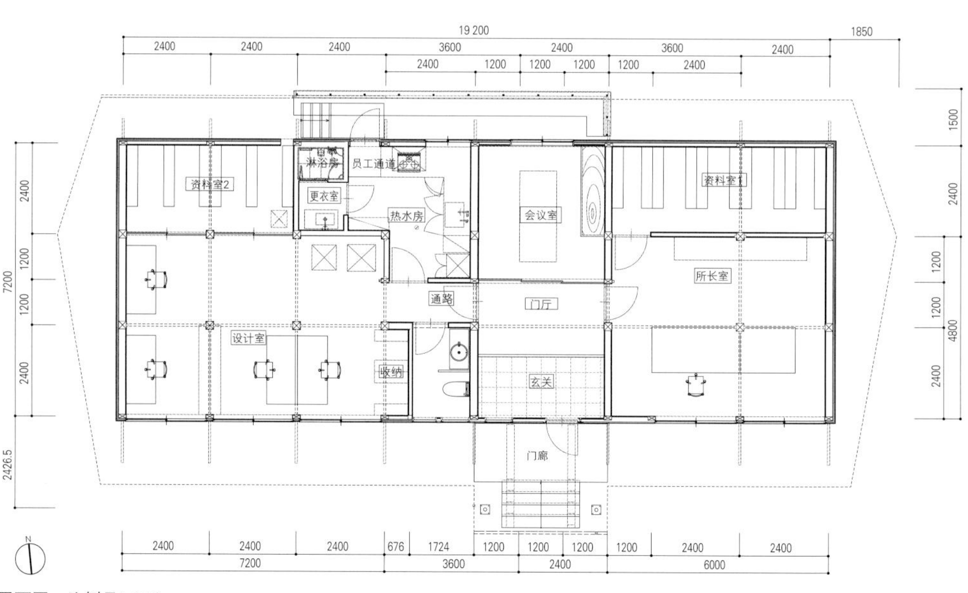

平面图　比例尺1:200

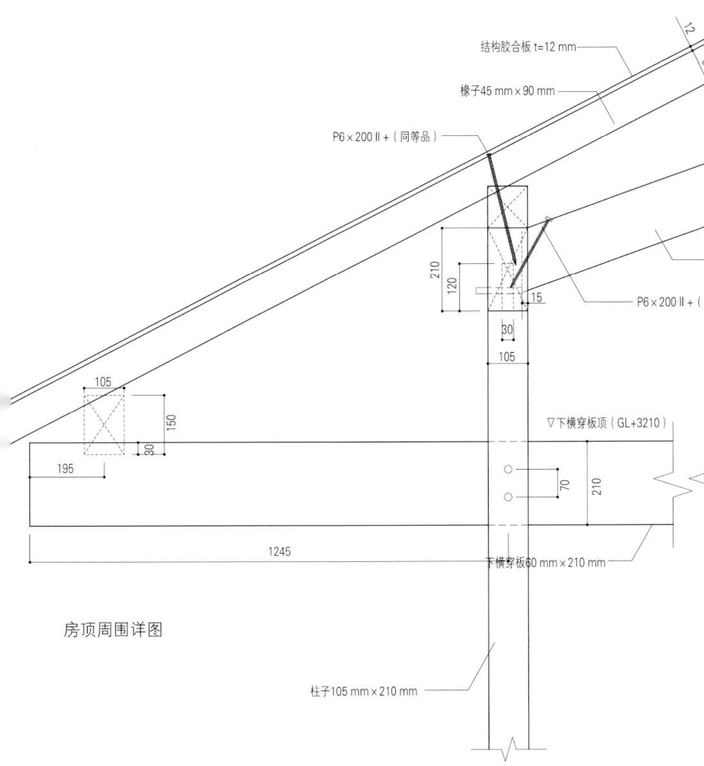

嵌入地基柱脚+由横穿板连接的双向框架结构

房顶周围详图

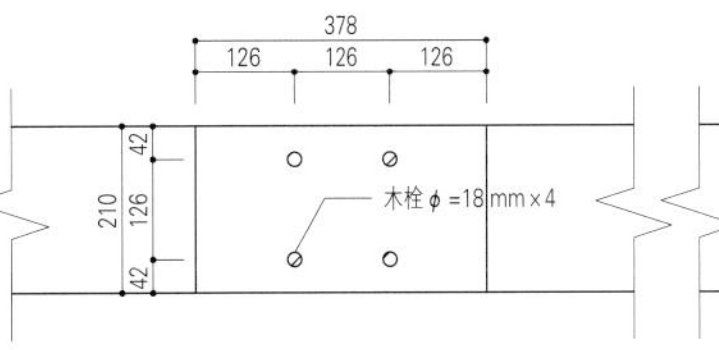

横穿板拼接部分详图

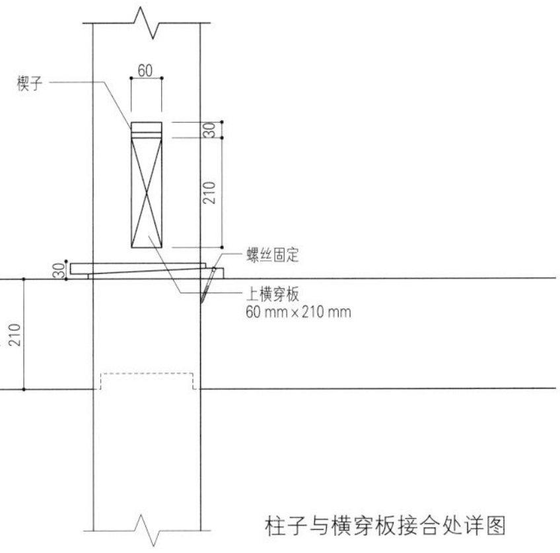

柱子与横穿板接合处详图

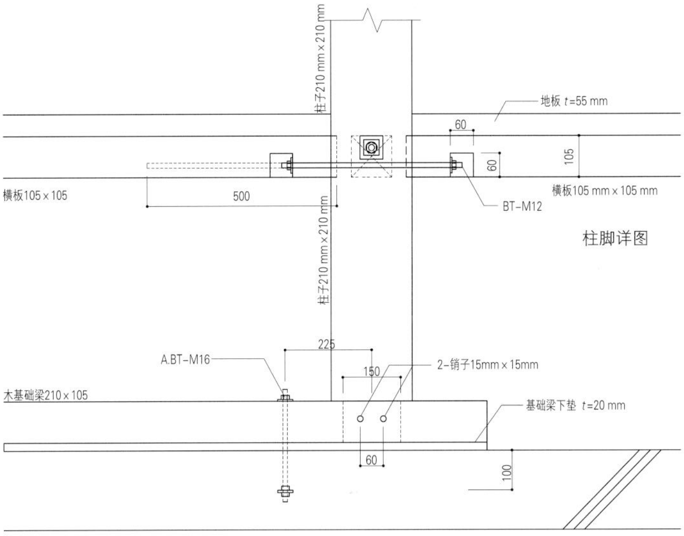

柱脚详图

左：柱子与横穿板接合处/右：横穿板拼接部分。考虑经济合理的长度，选用长度为6 m以下的板材，在受力小的位置进行拼接

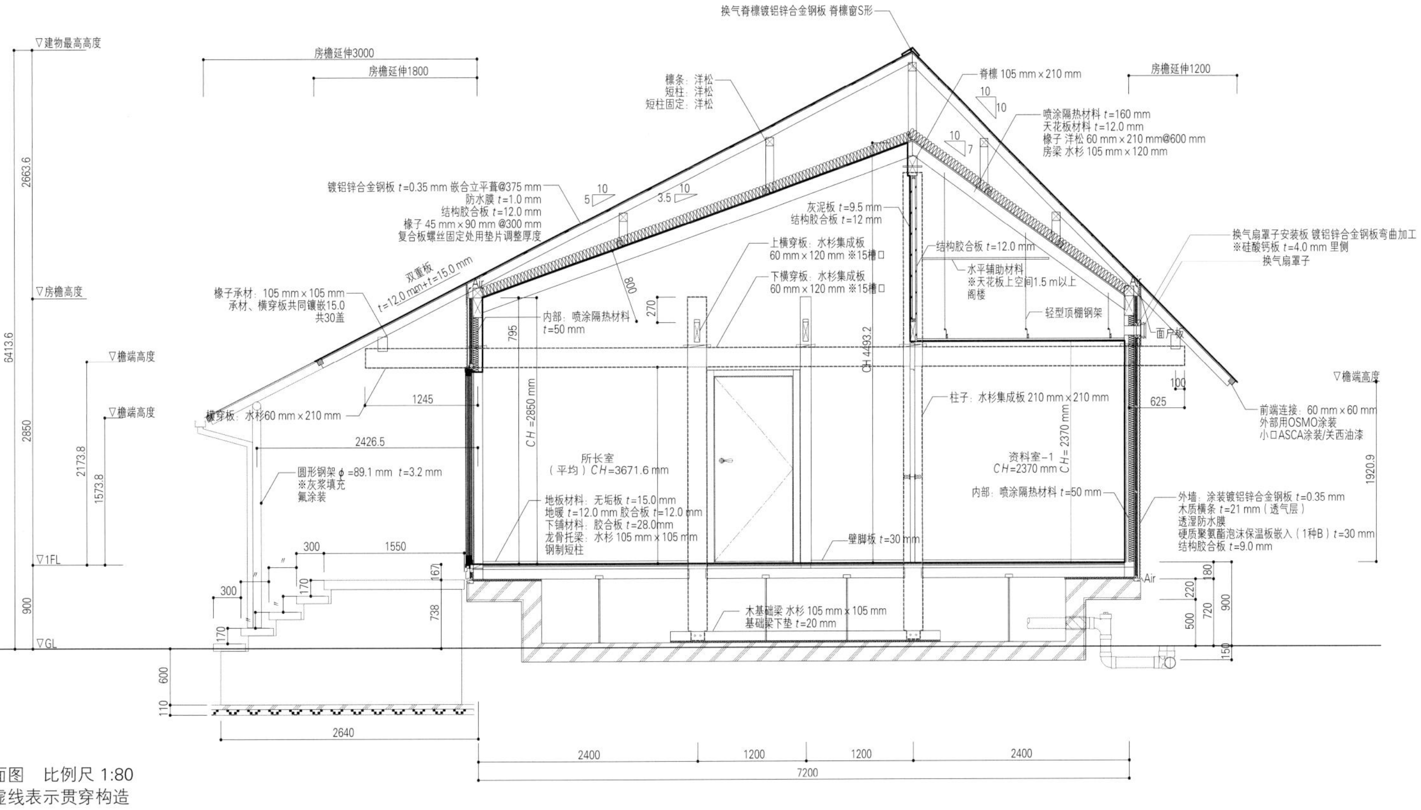

木基础梁详图　比例尺1:20

剖面图　比例尺 1:80
红虚线表示贯穿构造

东侧视角。该项目为对日本千叶县农村一栋历时180年的民居进行改建。在保持东面与南面原有的开放式空间的同时，进行适应现代生活的装修和抗震加固。房屋采用抗震架构。对建筑进行抗震加固前由东京大学腰原干雄研究室进行强震观测实验

木内家住宅书院翻修

设计　木内修建筑设计事务所

施工　岩濑建筑

所在地　千叶县香取市

RETROFITTING OF KIUCHI HOUSE SHOIN

architects: OSAMU KIUCHI ARCHITECT & ASSOCIATES

更加灵活，极具魅力。

日式建筑的空间构成基于日本人的自然观和建筑观。由于日本气候四季分明，景色随季节变化，造就日本人对自然的向往之心。建筑师的目的就在于建造出与自然相融合的建筑。

日式建筑在房屋和庭院之间设置缘侧（传统日式住宅中，屋檐下设置的走廊）。缘侧从屋内看时属于外部空间，而从庭院看时又成为建筑的一部缘侧。

许多日式古建筑拥有开放空间，但抗震性却不强。为在现代继续使用这些开放空间不得不考虑抗震加固。我决定借鉴传统建筑，设计新型抗震架构，经东大实验验证需以新技术重建抗震架构。

木内家住宅除需要进行抗震加固外，还有一个需要考虑的问题。那就是如何在保留建筑原有开放空间的同时适应今后的生活需要。

该建筑目前主要用于周末住宿。设计室与玄关合并，既可用于工作也可供娱乐。灵活的空间不受现有功能的限制，即使突然许多访客到来也可轻松接待，适合现代生活。

（木内修）

（翻译：朱佳英）

从起居室看向庭院。正面为中厅，右手边为内厅。为了维持有少量柱子、重视内外连贯性的原有空间，在增建部分加强承重效果

设计：木内修建筑设计事务所
施工：岩濑建筑
用地面积：1172.00 m^2
建筑面积：132.72 m^2
使用面积：128.69 m^2
层数：地上1层
结构：木质结构
工期：2013年9月–2015年6月
摄影：日本新建筑社摄影部
（项目说明详见第159页）

玄关视角。不对原有建筑进行大幅改动，设置一部分承重板墙（照片正面，玄关与缘侧之间的墙壁）

左上：翻修前拆除移门拉窗的情形。只剩柱子和房顶构成的开放空间/右上：增建玄关的西南角。增建部分柱子上方接头/左下：取下茅草后的房顶骨架（原有）。在原先使用竹子的部分每隔30 cm增设一根杉木圆柱。这样不仅可提高房顶强度，还能加强承重。以伸出屋外303 mm的横梁为支点使房檐上翘，最终形成面向庭院的开放格局/右下：承重板墙施工情形。通过在原有部分（左侧内厅）增加柱子使两部分连为一体

从西侧增建的玄关一览建筑原有部分。增建部分墙壁用作承重，通过加固原有建筑提高整体抗震性能。此外，种田掘笋等农忙时节可将起居室与和室连成一体使用，供众人聚集

西南侧视角。左手边为增建部分

北侧增建的设计室。通过增加柱子使其与右手边的原有部分进行连接

翻修前进行的抗震观测实验

人们对以传统营造法建造的木结构住宅进行各种实验、研究，并且频繁进行常时微动测定，收集数据。然而，当发生地震等强烈摇晃时建筑究竟会发生怎样的晃动尚有许多不解之处。

为掌握传统营造方式的木结构住宅到底在地震时有怎样的晃动，东京大学生产技术研究所腰原研究室以木内家的住宅书院为实验对象，进行强震观测实验。该项观测实验从2007年6月6日开始，记录下2008年5月8日1时45分以茨城县为震源，震度为4级的一次地震。

由抗震观测数据可确认各柱及其构成的平面并未形成一体，而是产生晃动。并且横梁组未保持矩形而变形为平行四边形，可见建筑抗水平力效果不佳（参照右图）。从荷重变形关系看，横梁方向（横向）发生变形值为1/819rad，房梁方向（纵向）则为1/616rad。均为稳定值，可见抗震上不存在问题。（木内修）

（参考文献：松田昌洋，腰原干雄，木内修：《日本建筑学会大会学术讲演梗概集C－1》中的《茅草顶农房强震观测》，547－548页，2009年8月）

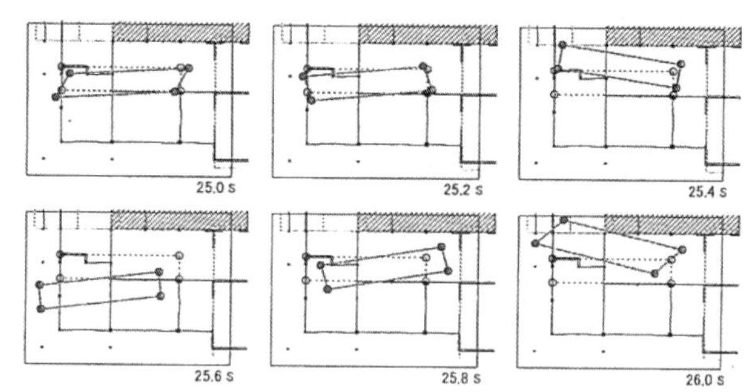

通过强震观测数据分析建筑晃动情况。
横梁组未保持矩形而变形为平行四边形，由此可见建筑承受水平力效果不佳。
（引用论文：《茅草顶农房强震观测》）

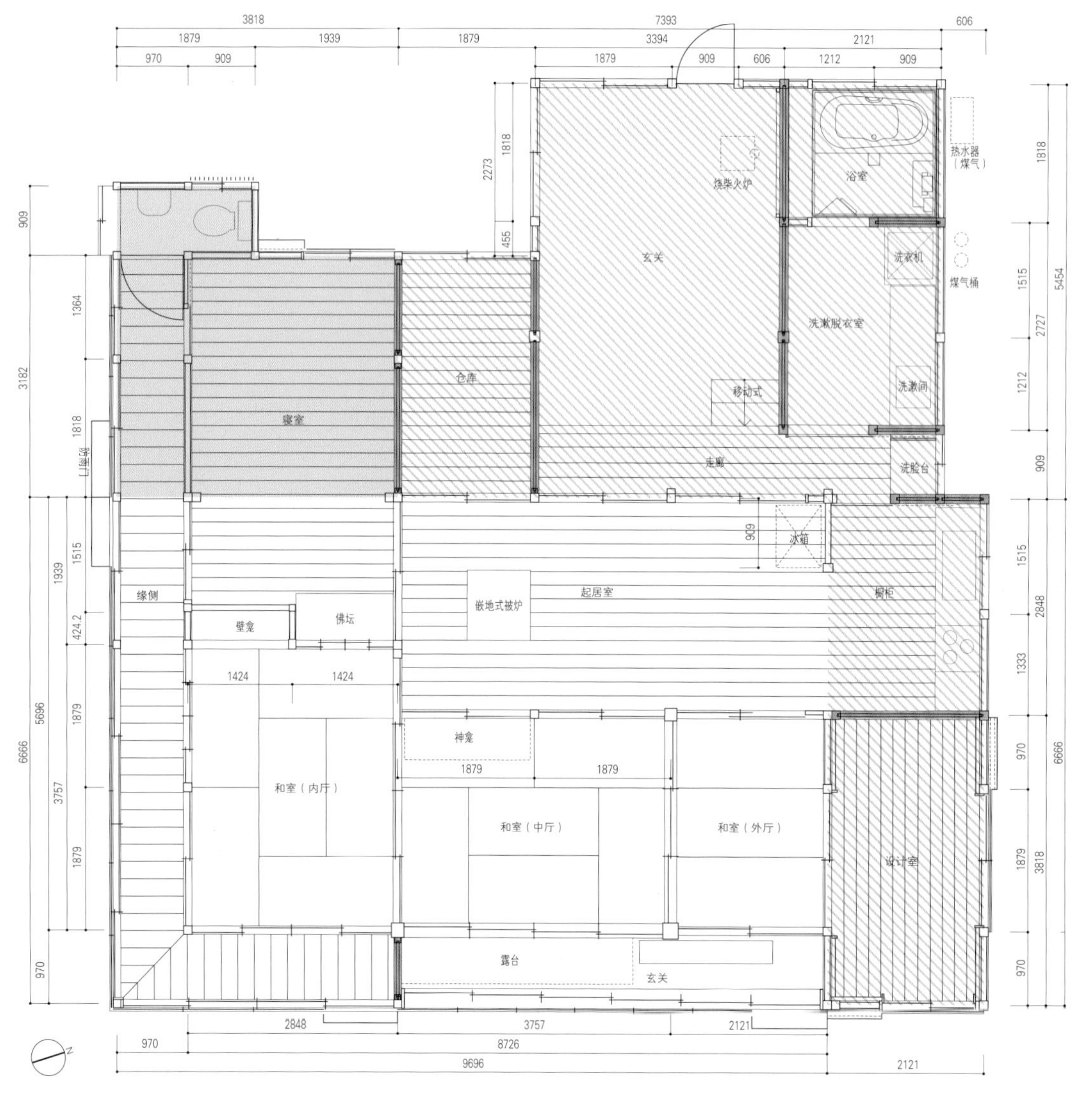

平面图　比例尺1:100

【凡例】
承重板墙
初建部分（江户末期）
1892年增建部分
2015年增建部分

从起居室看向内厅

利用原有建筑进行加固

说到利用原有建筑进行加固，日本传统木结构建筑一般都是通过墙、柱、横穿木等接合处产生的力抵抗地震。然而，原有建筑部分几乎没有抵抗地震冲击的墙壁，所以抗震性不强。

加固时首先考虑发挥原有建筑的轻巧性等特点，不在原有部分增设墙壁或梁柱等结构，而是利用增建部分提升建筑受力强度。抗震加固主要采用2009年研发的新抗震架构体，在柱子、横梁和横穿板接合处以暗榫连接承重板墙。其次，为增强抗震效果，增建部分的屋面板厚度均为30 mm，增强房顶下空间结构面一体性。

进行加固处理的增建部分通过增加柱子与原有部分相连，以此提高整体抗震性能。

据各种实验数据显示，传统木结构建筑在应对罕见地震，即震度6至7级左右的大地震时，安全限度内的层间变形角需要达到1/15rad，本次设计为安全起见，将该数值设定为1/20rad。

用受力强度较小的横梁方向限度耐力计算验证抗震加固效果，安全限度变形角设计目标值为R=1/20rad，加固前原有部分的值为R=1/15.9rad，加固后整体值为R=1/26.7 rad，加固效果可见一斑。

（木内修）

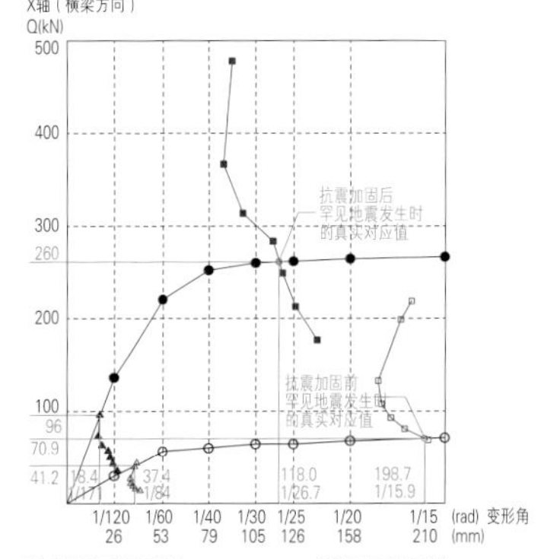

原有部分加固前抗震性能

- 复原力特性
- 必要性能光谱（罕见）
- 必要性能光谱（较少见）

对应值

变形角（rad）	
较少见地震	罕见地震
1/84（<1/120）	1/15.9（<1/20）

增建加固后抗震性能

- 复原力特性
- 必要性能光谱（罕见）
- 必要性能光谱（较少见）

对应值

变形角（rad）	
较少见地震	罕见地震
1/171 （<1/120）	1/26.7（<1/20）

翻修前后抗震性能评价比较图表

★选择木质的理由：
翻修有着180年历史的传统木结构建筑，最为合适的结构体当属与之结构特性相同的传统木结构。其次，采用传统营造方法可保留初建时开放的空间格局
★材料：杉木
★生产・流通：茨城县
★施工方法：暗榫连接承重板墙的木质轴组工法
★用地条件：城市规划区域外
★用途：住宅

经限度耐力计算验证的抗震架构体，未使用金属进行抗震翻修

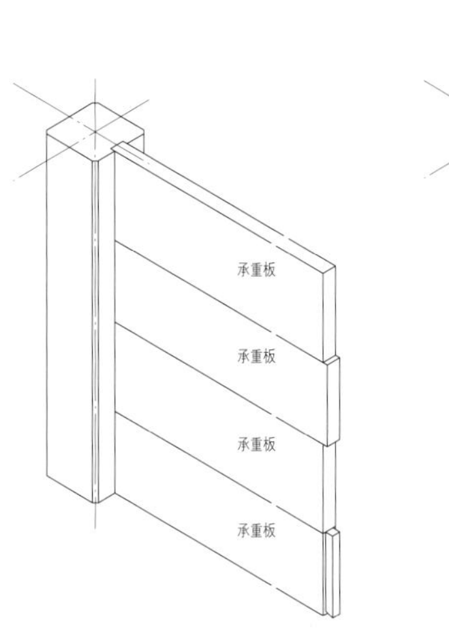

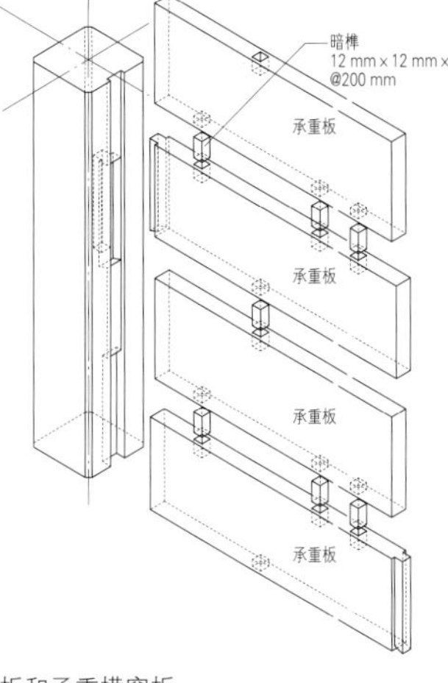

承重板墙接头（图1）。承重板墙由承重板和承重横穿板交替衔接，通过上下挤压增强暗榫的连接效果

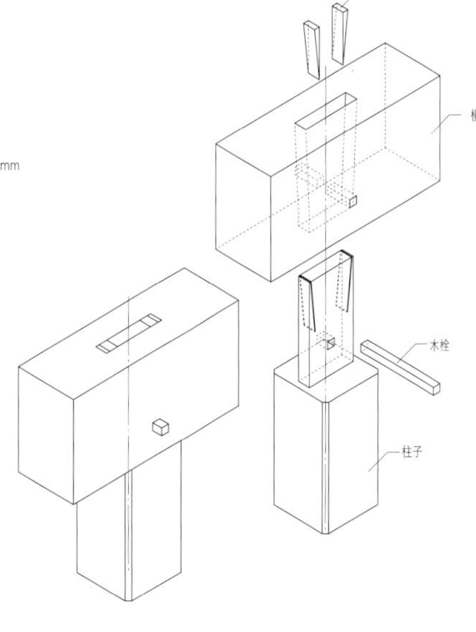

柱子与横梁的接头（图2）。横梁插入柱子顶部榫头，用木栓固定，再插入紧榫楔加固

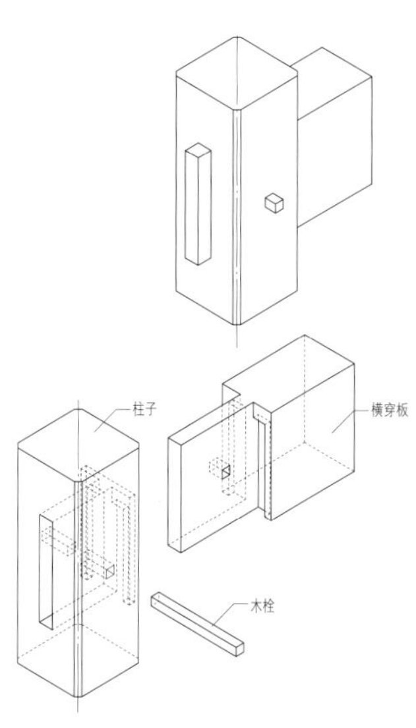

柱子与横穿板的接头（图3）。横穿板插入柱体的榫眼中以木栓固定

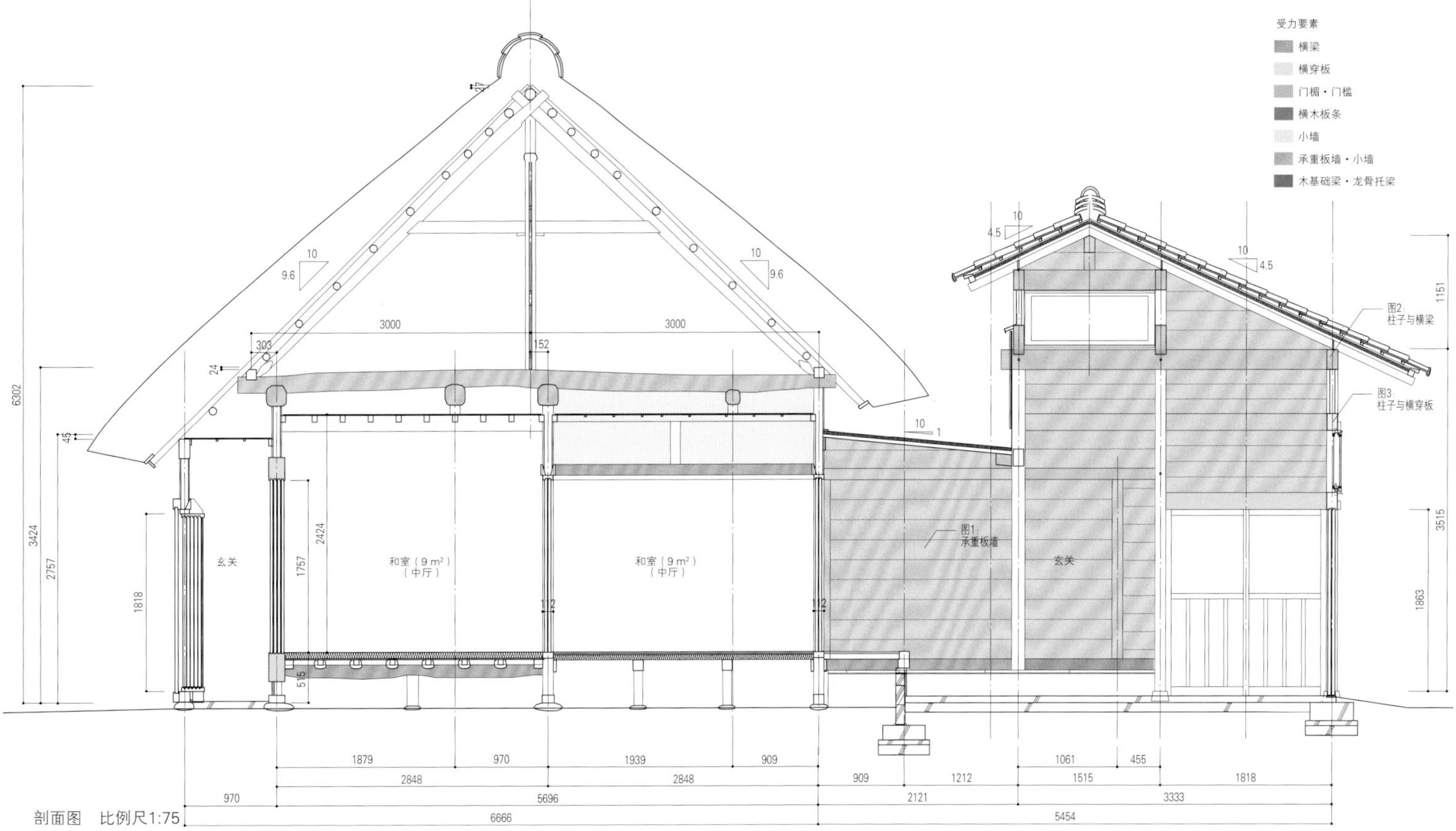

受力要素

- 横梁
- 横穿板
- 门楣・门槛
- 横木板条
- 小墙
- 承重板墙・小墙
- 木基础梁・龙骨托梁

剖面图　比例尺1:75

EPFL ArtLab（项目详见第4页）

●向导图登录新建筑在线：
http://bit.ly/sk1711_map

所在地：瑞士、洛桑1015、EPFL校园内
主要用途：博物馆、美术馆
所有人：瑞士联邦理工学院洛桑分校

设计

建筑：隈研吾建筑都市设计事务所
负责人：隈研吾　Javier Villar Ruiz
Nicola Maniero　Rita Topa
Marc Moukarzel　Jaeyung Joo
Cristina Gimenez
当地合作设计：CCHE
负责人：Eric Mathez
Jonathan Pernet
结构：江尻建筑结构设计事务所（设计竞赛・初期设计）
负责人：江尻宪泰、佐藤拓真
UTIL（初期设计）
Pieter Ochelen（UTIL）
Ingphi SA（设计实施）
负责人：Philippe Men é trey
Khoa Phung　Olivier Francey
设备：BuroHappold Engineering
照明：L'Observatoire Internationale
监管：Marti Construction SA
负责人：Jean-Hugues Marchal
Nicola Joux　Thibault De Reure
景观顾问：MATHIS SA

施工

建筑：Marti Construction SA
负责人：Jean-Hugues Marchal
Nicola Joux　Thibault De Reure
Christian Clanet
空调・卫生・电力：
BG Ing é nieurs Conseils

规模

用地面积：13 500 m^2
建筑面积：2315 m^2
使用面积：3500 m^2
1层：2315 m^2
建蔽率：17%
层数：地下1层　地上2层

尺寸

最高高度：9500 mm
房檐高度：2600 mm ~ 8300 mm
顶棚高度：展示场所・美术馆　2700 mm ~ 8300 mm

用地条件

地域地区：大学校园
道路宽度：西5 m

结构

主体结构：复合结构（集成材料+铁板）

设备

电梯：1台（KONE）

工期

设计期间：2012年5月-2015年5月
施工期间：2014年10月-2016年8月

工程费用

总工费：30 900 000 CHF（瑞士法郎）

主要器材

照明器具：ODELI
卫生设备：LAUFEN - DYSON

利用向导

营业时间：9:30-18:00
休息时间：参照大学假期

隈研吾（KUMA・KENGO）

1954年出生于日本神奈川县/1979年毕业于东京大学建筑学专业研究生院/1985年-1986年担任哥伦比亚大学客座研究员/2001年-2008年担任庆应义塾大学教授/2009年至今担任东京大学教授

图片提供：Valentin Jeck

从西侧观看北侧的悬臂屋顶

图片提供：Michel Denancé

西侧立面图

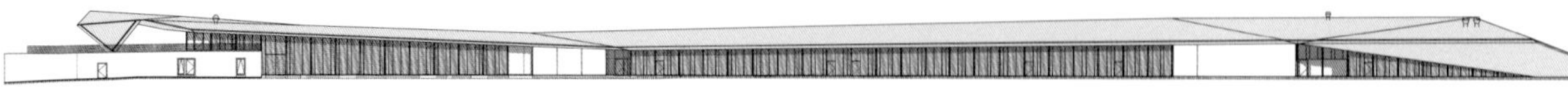

西侧立面图　比例尺1:1500

COEDA HOUSE（项目详见第18页）

●向导图登录新建筑在线：
http://bit.ly/sk1711_map

所在地：静冈县热海市上多贺1027-8 Akaohabu & Rose Garden
主要用途：咖啡店
所有人：Hotel New Akao

设计

建筑・监理：隈研吾建筑都市设计事务所
负责人：隈研吾　大庭晋　小松克仁
结构：江尻建筑结构设计事务所
负责人：江尻宪泰　岩野太一
设备：环境工程
负责人：大岛一成　增川智聪

施工

建筑：桐山
负责人：桐山次郎　桐山健次　二又川靖
空调：HEIWA AIRTEC
卫生：FUJIMAK

规模

用地面积：2700 m^2
建筑面积：141.61 m^2
使用面积：141.61 m^2
1层：141.61 m^2
建蔽率：5.24%（容许值：40%）
容积率：5.24%（容许值：200%）
层数：地上1层

尺寸

最高高度：4400 mm
房檐高度：3080 mm
层高：4200 mm
顶棚高度：3944 mm
主要跨度：8500 mm × 8500 mm

用地条件

地域地区：第2类风景区
道路宽度：东6 m

结构

主体结构：木质结构　部分钢筋骨架结构
桩・基础：板式基础

工期

设计期间：2016年7月-2017年2月
施工期间：2017年4-9月

工程费用

建筑：61750 000日元
空调：2500 000日元
卫生：3300 000日元
电器：5000 000日元
总工费：72 550 000日元

外部装饰

屋顶：SERIOUS　日新制钢建材
外部结构：佐藤渡边

内部装饰

天花板：NODA

利用向导

营业时间：9:30-16:30
休息时间：无
费用：成人1000日元；中小学生500日元
电话：0557 - 82 - 12211

隈研吾（KUMA・KENGO）
●人物简介见上

■结构设计

江尻宪泰（EJIRI・NORIHIRO）

1962年出生于东京都/1986年毕业于千叶大学理工学院建筑专业/1988年毕业于千叶大学研究生学院工学研究专业，获硕士学位/1988年就职于青木繁研究室/1996年创立江尻建筑结构设计事务所/2009年担任长冈造型大学环境设计学科特聘教授/2014年当选JASCA理事/2014年-2017年任早稻田大学理工学研究科客座教授

高知县自治会馆新办公楼

（项目详见第24页）

●向导图登录新建筑在线：
http://bit.ly/sk1711_map

所在地： 高知县高知市本町4-1-35
主要用途： 事务所
所有人： 高知县市町村综合事务组合

设计

建筑·监理：细木建筑研究所
负责人：细木茂　细木淳
结构：樱设计集团一级建筑师事务所
枞建筑事务所
负责人：佐藤孝浩　田尾玄秀
设备：ARTI设备设计室
负责人：下饭野芳幸　仲泽绫

施工

建筑：竹中工务店四国分店
负责人：大井浩司　户高恭明　柚木雅宪
空调·卫生：DAI-DAN Co., LTD.四国分店
电力：日产电力

规模

用地面积：798.73 m²
建筑面积：646.06 m²

由CLT壁板构成的间壁.

使用面积：3648.59 m²
1层：560.88 m²　2层：611.00 m²
3层：600.42 m²　4层：625.43 m²
5层：625.43 m²　6层：625.43 m²
建蔽率：80.89%（容许值：100%）
容积率：396.42%（容许值：500%）
层数：地上6层

尺寸

最高高度：30 995 mm
房檐高度：30 100 mm
层高：2层：4500 mm　3层：5400 mm
4·5层：4200 mm　6层：5350 mm
顶棚高度：研修室：3200 mm
办公室：2700 mm
主要跨度：1~3层：16 800 mm × 21 200 mm
4~6层：4200 mm × 5600 mm

用地条件

地域地区：商业地区　防火地区　停车场整备地区
道路宽度：北10.04 m
停车辆数：18辆

结构

主体结构：钢筋混凝土结构+木质结构　部分钢筋骨架结构
桩·基础：全套管基桩

设备

环保技术
循环管道空气调节方式
空调设备
空调方式：商用中央空调方式
热源：电力
卫生设备
供水：储水箱加压泵方式
热水：电热水器方式
排水：污水·雨水合流方式
电力设备
供电方式：高压供电方式
设备容量：300 kVA
防灾设备
防火：室内消防器材
排烟：自然排烟
其他：自家发电设备
升降机： 2台
特殊设备： 太阳光发电设备11.52 kW

工期

设计期间：2013年6月-2014年3月
施工期间：2015年6月-2016年9月

外部装饰

屋顶：KAWAKAM

内部装饰

研修室
地面：Tajima

主要使用器械

卫生器材：TOTO
电梯：HITACHI

细木茂（HOSOGI·SHIGERU）

1947年出生于高知县/1972年毕业于神奈川大学建筑专业/1972年-1976年就职于MA建筑事务所/1979年创立细木茂建筑设计室/1984年将设计室更名为事务所/现任细木建筑研究所代表董事

细木淳（HOSOGI·JYUN）

1974年出生于高知县/2001年毕业于多摩美术大学建筑专业，后进入细木建筑研究所工作/现任细木建筑研究所董事

■**结构设计**

佐藤孝浩（SATOU·TAKAHIRO）

1975年出生于北海道/2000年毕业于工学院大学研究生院建筑专业，获硕士学位/2000年-2003年就职于结构设计集团（SDG）/2005年-2010年担任东京大学生产技术研究所腰原研究室助理/2010年至今就职于樱设计集团

SUKUMO商银信用工会

（项目详见第32页）

●向导图登录新建筑在线：
http://bit.ly/sk1711_map

所在地： 高知县宿毛市宿毛字鹫洲5508
主要用途： 银行
所有人： 宿毛商银信用工会

设计

建筑监管·艸建築工房
负责人：平山昌信　横畠康
结构：山本构造设计事务所
负责人：山本幸廷
设备： ARUTEI设备设计室
负责人：下饭野芳幸

施工

建筑　山幸建设
负责人：山本昭寿　中野圭是
电力、空调：SUGIMOTO电气店
负责人：杉本克彦　杉本晃也
卫生：中村住设
负责人：浜村敦
金库：KUMAHIRA
负责人：楠原光祐

规模

用地面积：1294.64 m²
建筑面积：581.17 m²
使用面积：804.83 m²
1层：469.26 m²　2层：219.18 m²
停车场：116.39 m²
建蔽率：44.90%（容许值：60%）
容积率：49.74%（容许值：200%）
层数：地上2层

尺寸

最高高度：9490 mm
房檐高度：8940 mm
层高：1层：3700mm
顶棚高度：营业室·大厅：3325 mm ~ 5953 mm
研修室：2493 mm ~ 4982 mm
主要跨度：11 400 mm（营业室·大厅·研修室）

用地条件

地域地区：城市计划用地区域内
道路宽度：南16 m
停车辆数：14辆

结构

主体结构：木质（日本传统轴组工法 + CLT）
桩基础：ST桩

设备

空调设备
空调方式：独立系统空调机
地板暖气系统（N·SET：YUKARIRA）
热源：电气
卫生设备
供水：自来水管直接供水方式
热水：独立式热水器
排水：污水及其他杂物排水分流方式　外部区域　下水道放流
电力设备
供电方式：低压供电
设备容量：电灯23 kW·动力46 kW
防灾设备
排烟：自然排烟

工期

设计期间：2016年7月-2016年11月
施工期间：2017年1月-2017年6月

工程费用

总工费：231 500 000日元（不含税）

外部装饰

房檐：日铁住金钢板
外壁：池上产业
开口部分：YKK
外部结构：池上产业

平山昌信（HIRAYAMA·MASANOBU）

1952年出生于日本高知县/1975年毕业于大阪大学工学部建筑工学科/1975年-1985年就职于FUJITA工业设计部/1986年-1990年就职于现代建筑策划事务所/1990年设立艸建筑工房

横畠康（YOKOBATAKE·KO）

1979年出生于高知县/2002年毕业于日本工业大学工学部建筑系/2002年-2007年任职于小谷设计/ 2008年至今就职于艸建築工房

■**结构设计**

山本幸廷（YAMAMOTO·YOSHITAKA）

1941年出生于高知县/1968年毕业于武藏工业大学（现东京都市大学）建筑系/1968年-1996年就职于勇工务店/1996年设立山本构造设计事务所

国分寺FLAVERLIFE公司总部大楼（项目详见第42页）

●向导图登录新建筑在线：
http://bit.ly/sk1711_map

所在地：东京都国分寺市本町4-1-12
主要用途：事务所
所有人：FLAVERLIFE公司

设计

建筑・监理：STUDIO・久原・八木
负责人：八木敦司　久原裕
结构：KAP
负责人：桐野康则
设备：安藤・间 设备设计部
负责人：鹤见祐二　坂本洋二
防火耐火：樱设计集团
负责人：安井昇
监理：建筑・设备
负责人：八木敦司　久原裕
结构：KAP　负责人：桐野康则
设备顾问：安藤・间　设备设计部
负责人：鹤见祐二　坂本洋二

施工

建筑：住友林业
负责人：山木一彦　竹田诚二　佐野惣吉　西出直树
集成材制作：中东
负责人：北野正博　嘉本诚悟
空调・卫生：西部技研工业
负责人：松田广平
电力：藤井电力
负责人：金谷贤

规模

用地面积：180.80 m²
建筑面积：103.52 m²
使用面积：605.70 m²
1层：83.60 m²　2层：89.11 m²
3层：89.11 m²　4层：90.24 m²
5层：90.24 m²　6层：90.24 m²
7层：68.97 m²　阁楼：4.19 m²
建蔽率：57.26%（容许值：80%）
容积率：313.68%（容许值：333.3%）
层数：地上7层　阁楼1层

尺寸

最高高度：24 725 mm
房檐高度：24 125 mm
层高：3280 mm ~ 3715 mm
顶棚高度：2210 mm ~ 3075 mm
主要跨度：6295 mm × 4277 mm

用地条件

地域地区：商业地区　防火地区
道路宽度：北5.55 m

结构

主体结构：钢筋骨架结构
桩・基础：现场混凝土打桩

设备

空调设备
空调方式：包装AC方式
热源：独立热水器
卫生设备
供水：增压供水泵方式
热水：电热水器方式
排水：直接方式
电力设备
供电方式：低压引入方式
设备容量：电灯45KVA　动力40KVA
防灾设备
防火：室内消防器材　灭火器
排烟：自然排烟
升降机：1台　可乘11人

工期

设计期间：2015年10月-2016年8月
施工期间：2016年10月-2017年7月

工程费用

总工费：约4亿日元

外部装饰

外壁：Kansai Paint Co.,Ltd.
冲仓制材所
住友林业木材建材部
开口部位：YKK-AP
外部结构：ADVANCE Co., Ltd.

外部装饰

1层　商店
地面：ADVANCE Co., Ltd.
墙壁・天花板：SENIDECO FRANCE LLC.
DECO PROVENCE
家具制作：AOKI KAGU ATELIER
1层　接待室
地面：冲仓制材所
墙壁：日本硅藻土建材 ECO QUEEN
天花板：吉野石膏
2・3层　商品群
地面：TOLI
墙壁：LILY COLOR
天花板：吉野石膏
4层
地面：ASAHI WOODTEC　LIVE NATURAL
墙壁：LILY COLOR　日本硅藻土建材　ECO QUEEN
天花板：吉野石膏
5层
地面：TOLI
墙壁：日本硅藻土建材　ECO QUEEN
天花板：吉野石膏
家具制作：良品计划　POWER PLAYS
6层
地面：冲仓制材所　TOLI
墙壁：日本硅藻土建材 ECO QUEEN
天花板：SENIDECO FRANCE LLC.　吉野石膏
7层
地面：冲仓制材所
墙壁：日本硅藻土建材　ECO QUEEN
天花板：吉野石膏
家具制作：良品计划　POWER PLAYS
水房
地面：TOLI
墙壁：LILY COLOR
天花板：吉野石膏

八木敦司（YAGI・ATUSHI/右）

1968年出生于东京都/1992年毕业于东京大学工学部建筑专业/1992 年-1996年就职于入江经一+power unit studio/2001年-2010年就职于八木敦司建筑设计事务所/2010年创立STUDIO・久原・八木/现任NPO法人team Timberize理事

久原裕（KUHARA・HIROSHI/左）

1968年出生于爱知县/1992年毕业于东京大学工学部建筑专业/1993年就职于入长谷川逸子・建筑设计工作室/1998年创立久原・Architects/2010年创立STUDIO・久原・八木/现任NPO法人team Timberize理事，爱知县产业大学通信教育部、东洋大学特聘讲师

■结构设计

桐野康则（KIRINO・YASUNORI）

1970年出生于鹿儿岛县/1992年毕业于东京大学工学部建筑专业/1994年毕业于东京大学研究生院，获硕士学位/1994 年-2002年就职于结构设计集团（SDG）/2002年创立桐野建筑结构设计所/2010年创立KAP

图片提供：日本新建筑社摄影部

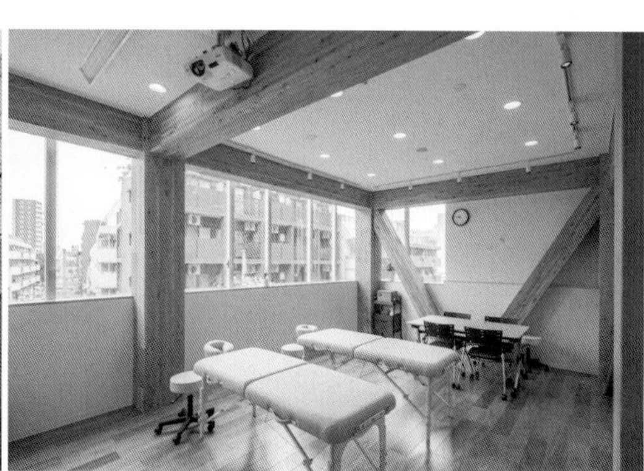

左：从国分寺站延伸道路上看到的景色/右：4层的芳香理疗学校

图片提供：STUDIO・久原・八木

木质混合结构体的部分施工图

桃浦之乡 （项目详见第50页）

●向导图登录新建筑在线：
http://bit.ly/sk1711_map

所在地：宫城县石卷市桃浦字UTOKI
主要用途：临时住宿
所有人：一般社团法人 ap bank
整体企划：筑波大学贝岛研究室+佐藤布武研究室
负责人：贝岛桃代　佐藤布武　栗原广佑　西津侑杜　菊花翔太　张宇鹏

■主建筑
设计
建筑监管：Atelier Bow-Wow
负责人：贝岛桃代　塚本由晴　玉井洋一　宫田真
结构：金箱构造设计事务所
负责人：金箱温春
施工
建筑：后藤建业　负责人：后藤基　荒崇
卫生：佐佐木设备　负责人：佐佐木茂
电力设备：佐佐木电业　负责人：佐佐木和广
规模
用地面积：1404.97 m^2
建筑面积：113.32 m^2
使用面积：99.37 m^2
层数：地上1层
尺寸
最高高度：3490 mm
房檐高度：2740 mm
顶棚高度：厨房：2960 mm
主要跨度：1820 mm×4550 mm
用地条件
地域地区：城市计划区域外
停车辆数：20辆
结构
主要结构：木质结构
桩・基础：钢管桩
设备
卫生设备
供水：自来水管直接供水方式
热水：煤气热水器
排水：净化槽
工期
设计期间：2016年11月–2017年5月
施工期间：2017年6月–2017年8月
外部装饰
开口部分：YKK AP
内部装饰
客房
墙壁、房顶：sangetsu
办公室、简易售货亭、管理室
墙壁、房顶：sangetsu
浴室
地板：多治见马赛克瓷砖博物馆提供
墙壁：多治见马赛克瓷砖博物馆提供

图片提供：日本新建筑社摄影部

俯瞰图

■三角庵
设计
建筑监管：Dot Architects
负责人：家成俊胜　赤代武志　土井亘
结构：片冈构造　负责人：片冈慎策
施工
建筑：Dot Architects
负责人：家成俊胜　土井亘　池田蓝
电力设备：佐佐木电业
规模
建筑面积：16.88 m^2
使用面积：14.01 m^2
层数：地上1层
尺寸
最高高度：4940 mm
顶棚高度：平均：2107 mm
主要跨度：2730 mm×910 mm
用地条件
地域地区：城市计划区域外
结构
主体结构：木质结构
桩・基础：钢管桩
工期
设计期间：2016年11月–2017年6月
施工期间：2017年7月–2017年8月
工程费用
建筑：2 585 000日元
电力：300 000日元
总工费：2 885 000日元
外部装饰
房檐：平冈织染
主要使用器械
照明工具：NEW LIGHT POTTERY Bullet

■炭庵
设计
建筑监管：satokura architects
负责人：佐藤布武　大仓健　栗原广佑
结构：铃木一希
日常用具：南秀明
施工
建筑：后藤建业＋satokura architects
卫生：佐佐木设备　负责人：佐佐木茂
电力设备：佐佐木电业　负责人：佐佐木和广
规模
建筑面积：13.17 m^2
使用面积：21.53 m^2
1层：12.41 m^2　2层：7.45 m^2
层数：地上2层
尺寸
最高高度：5988 mm
房檐高度：3600 mm
顶棚高度：2100 mm
主要跨度：2730 mm×4550 mm
用地条件
地域地区：无指定区域
道路宽度：西5 m
停车辆数：1辆
结构
主体结构：木质结构（板仓构法）
桩・基础：钢管桩
工期
设计期间：2016年11月–2017年6月
施工期间：2017年7月–2017年8月
工程费用
建筑：2 250 000日元
电力：450 000日元
总工费：2 700 000日元
外部装饰
开口部分：YKK
夏季讲习会
职员：贝岛桃代　佐藤布武　土桥刚伸　栗原广佑　西津侑杜　菊地翔太　李日笋　池田晖直　广川慎太郎　土井亘　安川雄基　下寺孝典　岛田畅
参加者：小松刚之　关纱绫香　细坂桃　松本梨加　Mirzadelya Devanastya　野尻悠介　浦木望帆　安斋圣人　池上绫乃　田中沙季　梶原千惠　后藤邦男
利用向导
休馆日：年中无休
住宿费用：主建筑：3500日元/人
炭庵、三角庵：15 000日元/栋
咨询：桃浦之乡
电话：0225-25-6870
网址：http://www.momonouravillage.com/

塚本由晴（TSUKAMOTO・YOSHIHARU/右）

1965年出生于神奈川县/1987年毕业于东京工业大学工学部建筑学系/1987年–1988年在巴黎L'ecole d'architecture，Paris，Bellville学校学习/1992年同贝岛桃代共同创立犬吠工作室（Atelier Bow-Wow）/1994年修完东京工业大学研究生院博士课程/现任东京工业大学研究生院教授

贝岛桃代（KAIJIMA・MOMOYO/中）
1969年出生于东京都/1991年毕业于日本女子大学家政部住居学科/1992年同塚本由晴共同创立犬吠工作室（Atelier Bow-Wow）/1994年修完东京工业大学研究生院硕士课程/1996年–1997年获瑞士联邦工科大学苏黎世校奖学金/2000年东京工业大学研究生院博士课程满期退学/现任筑波大学副教授，ETHZ professor of architectural Behaviorogy

玉井洋一（TAMAI・YOICHI）
1977年出生于爱知县/2002年毕业于东京工业大学工学部建筑学系/2004年修完东京工业大学研究生院硕士课程/2004年至今就职于犬吠工作室（Atelier Bow-Wow）/2015年成为犬吠工作室（Atelier Bow-Wow）合伙人

Dot Architects

家成俊胜、赤代武志共同创立的建筑家联盟，主要在大阪、北加贺屋开展活动。该组织将不同领域的人和组织集合起来成立“联动工作室——实践创造出另一个美好社会”。在设计、实践环节不管是专家还是业余爱好者都可参与，协同作业。现有6名成员分别是：家成俊胜、赤代武志、土井亘、寺田英史、宫地敬子、池田蓝。

家成俊胜（IENARI・TOSHIKATSU）
1974年出生于兵库县/1998年毕业于关西大学法学部法律专业/2000年毕业于大阪工业技术专门学校/2004年至今合伙经营Dot Architects/现任京都造型艺术大学副教授、大阪工业技术专门学校特聘教师

赤代武志（SHAKUSHIRO・TAKESHI）
1974年出生于兵库县/1997年毕业于神户艺术工科大学艺术工学部环境设计学科/1997年–2002年任职于北村陆夫+ZOOM策划工房/2002年–2003年任职于宫本佳明建筑设计事务所/2004年至今合伙经营Dot Architects/现任大阪工业技术专门学校特任教师、神户艺术工科大学外聘教师

佐藤布武（SATOU・NOBUTAKE/右）

1987年出生于千叶县/2011年毕业于千叶大学工学部设计学建筑系/2013年修完筑波大学研究生院博士前期课程/2016年修完筑波大学研究生院博士后期课程/2016年至今以satokura architects身份开始活动/现任筑波大学艺术系助教

大仓健（OOKURA・KEN/左）
1987年出生于静冈县/2011年毕业于芝浦工业大学工学部建筑工学科/2013年完成筑波大学研究生院博士前期课程/2013年–2015年任职于犬吠工作室（Atelier Bow-Wow）/2016年至今以satokura architects身份开始活动/现任职于Dot Architects

东日本大地震海啸遇难者灵堂 (项目详见第62页)

●向导图登录新建筑在线：
http://bit.ly/sk1711_map

所在地： 岩手县上闭伊郡大槌町小鎚第32地割（地割：土地划分）
主要用途： 存放骨灰的灵堂
所有人： 岩手县大槌町

设计

修建：东京建筑咨询有限公司
负责人：前田格
建筑：干久美子建筑设计事务所
负责人：干久美子　小坂怜　山根俊辅　绵引洋　大藤尚生
结构：KAP
负责人：冈村仁　桐野康则
设备：EOS plus
负责人：远藤和广　名取大辅
提示板：菊地敦己事务所
负责人：菊地敦己
监管： 干九美子建筑设计事务所
负责人：干久美子　小坂怜

施工

建筑：山口建筑
负责人：山口信仪　山口司
设计顾问：岩间正行
木材施工：中东
负责人：宫越久志　上口直志
玻璃・门窗施工：ASAHI BUILDING WALL
负责人：小野田一之　藤山良三
供水：大安环境
负责人：岩崎康彦
电灯：田中电气工事
负责人：田中教之

规模

用地面积：687.13 m^2
建筑面积：10.37 m^2
使用面积：10.37 m^2
1层：10.37 m^2
建蔽率：1.50%（容许值：70%）
容积率：1.50%（容许值：200%）
层数：地上1层

尺寸

最高高度：3450 mm
房檐高度：1830 mm
顶棚高度：灵堂：2408 mm

用地条件

地域地区：非城市规划计划区域　日本《建筑基准法》第22条指定区域
道路宽度：东5 m　南5 m　北5 m

结构

主体结构：木质结构
桩・基础：板式基础

设备

卫生设备：
供水：自来水管直接供水方式
电力设备：
供电方式：1 ϕ 2W 100V
设备容量：0.6 kVA
基础电量：2 kVA

工期

设计期间：2015年2月-2015年9月
施工期间：2016年5月-2017年2月

外部装饰

屋顶：DYM WAKAI
外墙：Sawada Chemical
开孔处：ASAHI BUILDING WALL，KANSAI PAINT CO., LTD.
外观：ABC商会

内部装饰

地板：ABC商会
墙壁：Sawada Chemical
天花板：Sawada Chemical

主要器材

照明设备：东芝

干久美子（INUI・KUMIKO）

1969年出生于大阪府/1992年毕业于东京艺术大学美术学院建筑系/1996年取得耶鲁大学建筑学硕士学位/1996年-2000年就职于青木淳建筑策划事务所/2000年成立干久美子建筑设计事务所/2011年-2016年担任京东艺术大学美术学院建筑系副教授/2016年至今担任横滨国立大学研究生Y-GSA教授

■结构设计者
桐野康则（KIRINO・YASUNORI）
●人物简介见第150页

区域图　比例尺 1:2000

双叶富冈社屋 (项目详见第68页)

●向导图登录新建筑在线：
http://bit.ly/sk1711_map

所在地： 福岛县双叶郡富冈町大字小浜字中央租地591-2的一部分
主要用途： 事务所
所有人： 双叶

设计

建筑： Haryu wood studio
负责人：芳贺沼整　滑田崇志　早川真介
企划：双叶
负责人：远藤秀文
结构：AUM Structural Engineering
负责人：滨尾博文
机械设备：M设备设计
负责人：齐藤义彦
电力设备：远山设备设计
负责人：远山邦夫
向导板规划：日本大学工学部浦部智义研究室
负责人：浦部智义
外部结构基本规划：STEP
负责人：德永哲
监管：Haryu wood studio
负责人：芳贺沼整　滑田崇志　松本铁平

施工

建筑：东北工业建设
负责人：石井信二
纵向木板拼接・木工活：DAITEC
负责人：铃木谦司郎
芳贺沼制作：负责人：清水贞夫
空调：Iwaki Aircon　负责人：伊藤健次
卫生：双叶管工业　负责人：三瓶健二郎
电力：西部电设　负责人：丹治贯
外部结构：Yamada Garden
负责人：山田直光

规模

用地面积：1340.40 m^2
建筑面积：225.00 m^2
使用面积：343.53 m^2
1层：210.69 m^2　2层：132.84 m^2
标准层（1层）210.69 m^2
建蔽率：25.62%（容许值：60%）
容积率：16.78%（容许值：200%）
层数：地上2层

尺寸

最高高度：7671 mm
房檐高度：6650 mm
层高：3198 mm
顶棚高度：办公室：6111 mm
1层各室：2400 mm
2层各室：2913 mm
主要跨度：900 mm×6000 mm

用地条件

地域地区：城市规划区域内（区域划分尚未确定）　日本《建筑基准法》第22条指定区域　富冈都市规划企业　曲田土地区划整顿企业
道路宽度：东18 m　西6 m
停车辆数：22辆

结构

主体结构：木质结构（纵向木板拼接结构）
桩・基础：钢筋混凝土板式基础

设备

环保技术
循环管道空气循环方式
空调设备
空调方式：独立空调
热源：空气热源热泵
卫生设备
供水：自来水管直接供水方式
热水：局部热水供水方式
排水：公共下水道合流排水方式
电气设备
供电方式：低压供电方式
设备容量：45 kVA
基础电量：45 kVA
防灾设备
防火：灭火器
排烟：自然排烟
其他：向导标识

工期

设计期间：2015年10月-2016年12月
施工期间：2017年2-8月

外部装饰

屋顶：千代田钢铁工业
窗框：LIXIL

利用向导

网址：http://www.futasoku.co.jp

芳贺沼整（HAGANUMA・SEI）
滑田崇志（NAMEDA・TAKASHI）
●人物简介见右侧

双叶郡山社屋（项目详见第74页）

●向导图登录新建筑在线：
http://bit.ly/sk1711_map

所在地：福岛县郡山市安积3-157-2
主要用途：事务所
所有人：双叶
设计
建筑・监管：Haryu wood studio
负责人：芳贺沼整　滑田崇志　村越怜
企划：双叶
负责人：远藤秀文
结构：AUM Structural Engineering
负责人：滨尾博文
向导板规划：日本大学工学部浦部智义研究室
负责人：浦部智义
施工
建筑：芳贺沼制作
负责人：田口卓弥
空调・电气：大荣电气
负责人：汤田雅人
卫生：和辉设备
负责人：桥本浩
规模
用地面积：627.49 m^2
建筑面积：190.98 m^2
使用面积：301.17 m^2
1层：134.06 m^2　2层：167.11 m^2
标准层（1层）：134.06 m^2
建蔽率：30.44%（容许值：60%）
容积率：48.00%（容许值：200%）
层数：地上2层
尺寸
最高高度：8689 mm
房檐高度：6530 mm
层高：3113 mm
顶棚高度：1层办公室：2690 mm　1层各室：2300 mm
2层办公室：3368 mm（平均）　2层各室：2300 mm
主要跨度：900 mm×5850 mm
用地条件
地域地区：准工业地域　准防火地域
道路宽度：北7.52m
停车辆数：11辆
结构
主体结构：木质结构（纵向木板拼接结构）
桩・基础：钢筋混凝土板式基础
设备
环保技术
循环管道空气循环方式
空调设备
空调方式：独立空调
热源：电力
卫生设备
供水：自来水管直接供水方式
热水：电热水器
排水：公共下水道合流排水方式
电气设备
供电方式：低压供电方式
基础电量：电灯：25 kVA、动力：11 kW
防灾设备
防火：灭火器
排烟：自然排烟
其他：紧急警报设备　向导标识
工期
设计期间：2015年10月-2016年12月
施工期间：2017年2-8月
外部装饰
屋顶：千代田钢铁工业
外墙：NICHIHA

芳贺沼整（HAGANUMA・SEI）

出生于福岛县/1999年毕业于东京理科大学工学部二部建筑工学系/2002年取得东北大学研究生学位/2006年成立Haryu wood studio/2015年获得东北大学博士学位（工学）/现任Haryu wood studio董事

滑田崇志（NAMEDA・TAKASHI）

1980年出生于德岛县/2002年毕业于东北大学工学部建筑系/2005年取得东北大学研究生学位/2014年至今担任日本大学工学部建筑系特邀研究员/现任Haryu wood studio董事长

■**结构设计**
滨尾博文（HAMAO・HIROBUMI）

1957年出生于东京都/1980年毕业于日本大学工学部建筑系/1982年成立AUM Structural Engineering/2007年至今担任郡山女子大学外聘讲师/2009年至今担任日本大学工学研究系特聘教师/现任AUM Structural Engineering董事长、MACHIMORI董事长

富冈仓库（项目详见第77页）

所在地：福岛县双叶郡富冈町
主要用途：仓库
所有人：双叶・远藤秀文
设计
建筑・监管：Haryu wood studio
负责人：芳贺沼整　村越怜
施工
建筑：Haryu Construction Management
负责人：田中重夫
木工：吉田建筑　吉田和也
屋顶施工：田部板金工业所　汤田博美
规模
层数：地上2层
尺寸
最高高度：6810 mm
房檐高度：6720 mm
主要跨度：910 mm×4550 mm
结构
主体结构：木质结构
桩・基础：带形基础（固有）
工期
设计期间：2010年3月-2017年9月
施工期间：2010年-2017年10月
外部装饰
屋顶：TAKIRON Corporation

芳贺沼整（HAGANUMA・SEI）
●人物简介见上

木质临时住宅群再利用计划 浪江町复兴据点滞留设施（项目详见第78页）

●向导图登录新建筑在线：
http://bit.ly/sk1711_map

所在地：福岛县双叶郡富冈町
主要用途：仓库
所有人：双叶・远藤秀文
设计
建筑：Haryu wood studio
负责人：芳贺沼整　滑田崇志
结构：K&K建筑设计
负责人：葛野耕司
机械设备：M设备设计事务所
负责人：齐藤义彦
电气设备：远山设备设计
负责人：远山邦夫
监管：Haryu wood studio
负责人：芳贺沼整　滑田崇志　三浦翔太
施工
建筑：泉田组
负责人：泉田征庆　森政男
空调・电力：恒荣综合设备
负责人：菅野满
卫生：小黑设备工业
负责人：吉田武
规模
用地面积：21 240.57 m^2
建筑面积：738.70 m^2
使用面积：655.61 m^2（E类型/130.41 m^2×3栋、F 类型/132.19 m^2×2栋）
1层：655.61 m^2
建蔽率：4.23%（容许值：60%）
容积率：3.69%（容许值：200%）
层数：地上1层
尺寸
最高高度：4782 mm
屋檐高度：2987 mm
平均顶棚高度：起居室：3095 mm
主要跨度：1800 mm×2700 mm
用地条件
地域地区：城市规划区域内（区域划分尚未确定）　日本《建筑基准法》第22条指定区域
道路宽度：西6.20 m
停车辆数：42辆
结构
主要结构：木结构（圆木组合施工法）
桩・基础：板式基础
设备
空调设备
空调方式：独立空调
卫生设备
供水：水箱水泵直接输送方式
热水：LP燃气热水供应方式
排水：净化槽方式
电气设备
供电方式：引入高压 6kV 3 ϕ 3w 50Hz
设备容量：180kVA
防灾设备
自动火灾报警设备　火灾警告装置　灭火器
排烟：自然排烟
工期
设计期间：2016年12月-2017年3月
施工期间：2017年7-9月
利用向导
2018年开始营业

芳贺沼整（HAGANUMA・SEI）
滑田崇志（NAMEDA・TAKASHI）
●人物简介见上

难民・移民的社区馆+超小型胶合板房屋 （项目详见第80页）

●向导图登录新建筑在线：
http://bit.ly/sk1711_map

所在地： Koroška ulica11，2380 Slovenj Gradec，Slovenia
主要用途： 社区集会设施　简易住房
委托人： 斯洛文尼格拉代茨市　斯洛文尼格拉代茨职业培训学校

■社区馆

设计

建筑： 小林博人研究会设计・建筑・团队
负责人：米田KAZU　西尾大河　平木利帆子　久保太一　加藤花子
结构：铃木启・ASA
负责人：铃木启

施工

建筑：小林博人研究会设计・建筑・团队　卢布尔雅那大学建筑学科　斯洛文尼格拉代茨职业培训学校

规模

建筑面积：59.29 m^2
使用面积：58.73 m^2
1层：58.73 m^2

尺寸

最高高度：3650 mm
房檐高度：3050 mm
最高高度：2900 mm
顶棚高度：2382 mm
主要跨度：5400 mm × 5400 mm

结构

主体结构：胶合板组合柱子・梁结构
桩・基础：钢筋石笼（GABION）独立基础

工期

设计期间：2017年6月–8月
施工期间：2017年9月–10月

■超小型胶合板房屋

设计

建筑： 小林博人研究会设计・建筑・团队
负责人：米田KAZU　海藤空　片山旋　菅原真子
结构：铃木启・ASA　负责人：铃木启

施工

建筑：小林博人研究会设计・建筑・团队　卢布尔雅那大学建筑学科　斯洛文尼格拉代茨职业培训学校校

规模

建筑面积：1组合件5.76 m^2
使用面积：1组合件4.95 m^2

尺寸

最高高度：2420 mm
房檐高度：2350 mm
最高高度：2161 mm
顶棚高度：2141 mm（最高）
主要跨度：2242 mm × 2242 mm

结构

主体结构：镶板墙壁构造
桩・地基：木质托板　沙袋

工期

设计期间：2017年7月–9月
施工期间：2017年9月

小林博人（KOBAYASHI・HIROTO）

1961年出生于东京都/1986年毕业于京都大学工学院建筑学科/1988年取得该大学研究生院硕士学位/1988年–1996年就职于日建设计公司/1991年–1992年在哈佛大学设计研究生院（GSD）攻读硕士课程/1992年–1993年就职于诺曼・福斯特事务所/1996年–1999年在京都大学工学院建筑学科担任助手/1999年–2000年担任富布莱特GSD特别研究员/2000年–2003年获得了GSD博士学位Doctor of Design/2003年共同创办小林・槙设计研讨会（KMDW）/2004年担任Skidmore Owings and Merrill LLP（SOM）日本代表/2005年–2012年担任庆应义塾大学研究生院副教授/2012年至今担任该大学研究生院教授

米田贺数（YONEDA・KAZU）

1983年出生于美国华盛顿州/2007年毕业于康奈尔大学建筑学科/2007年–2009年就职于藤本壮介建筑设计事务所/2011年修完哈巴德大学GSD硕士课程/2011年–2012年担任海外派遣教师：同大学GSD伊东丰雄工作室/2011年–2014年担任takram design engineering合伙人兼理事/2014年成立bureau0–1/现担任庆应义塾大学SFC政策・媒体研究科特任助教/日本女子大学、日本大学艺术学院特聘讲师

■结构设计

铃木启（SUZUKI・AKIRA）

1969年出生于神奈川县/1994年毕业于东京理科大学理工学院建筑学科/1996年取得该大学研究生院硕士学位/1996年–2001年就职于佐佐木睦朗构造计划研究所/2001年–2002年就职于池田昌弘建筑研究所/2002年成立铃木启・ASA

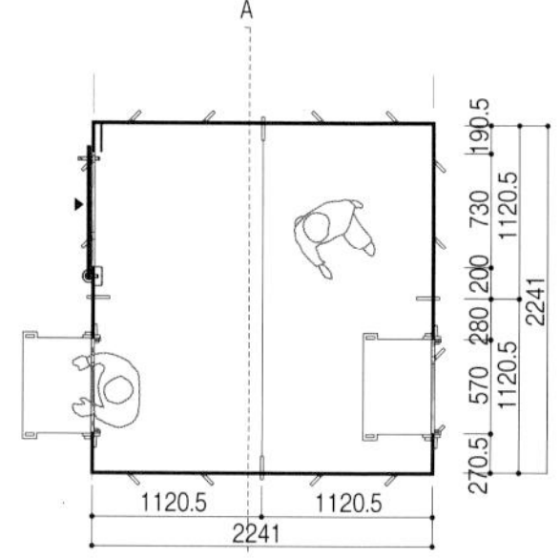

胶合板房屋（1组合件）平面图　比例尺 1:100

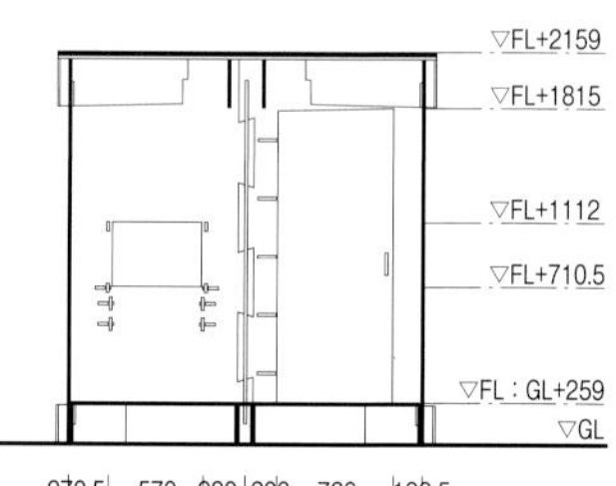

剖面图　比例尺 1:100

东急池上线户越银座站 （项目详见第88页）

●向导图登录新建筑在线：
http://bit.ly/sk1711_map

所在地： 东京都品川区平塚 2–16–1
主要用途： 车站设施
委托人： 东京急行电铁

设计

建筑：东京急行电铁
负责人：织茂宏彰　八卷善行　横尾俊介　野口彰久　横山太郎
atelier unison
负责人：铃木靖　奥村政树
结构（站台棚顶）：Holzstr
负责人：稻田正弘
杉建筑事务所
负责人：田尾玄秀
设备：东急行电铁
设备负责人：佐佐木健之　武石拓马
通讯负责人：石川健司　米田贵树　葛木豪
信号负责人：神田伸行
电路负责人：相原茂　吉尾昭彦
atelier unison
负责人：铃木靖　奥村政树
监管： atelier unison
负责人：铃木靖　奥村政树
枞建筑事务所　负责人：田尾玄秀

施工

建筑：东急建设
设备：日本电设工业
通讯：协和EXEO
信号：铁信
电路：大雄电设工业

规模

用地面积：1456.71 m^2
建筑面积：99.29 m^2（原有车站建筑 乘客洗手间）
使用面积：115.90 m^2（原有车站建筑 乘客洗手间）
建蔽率：6.82%（容许值：65.78%）
容积率：7.96%（容许值：243.14%）
站台棚顶・棚顶水平投影面积：561.90 m^2（新建筑）

尺寸

站台棚顶
最高高度：6340 mm
顶棚高度：5300 mm
主要跨度：15 540 mm × 2370 mm

用地条件

地域地区：日本《建筑基准法》工业地域　近邻商业地域　东京都第3种高度地区　东京都第2种高度地区
道路宽度：南：6.45 m　北：4.72 m

结构

主体结构：木质结构　部分为钢筋结构（站台棚顶）
地基：桩基础

设备

卫生设备
供水：自来水管直接供水方式
排水：公共下水道排放

工期

设计期间：2012年6月–2015年8月
施工期间：2015年9月–2016年12月

外部装饰

棚顶・外墙壁：三晃金属工业

内部装饰

站台棚顶侧面的墙壁：多摩产材集成材

织茂宏彰（ORIMO・HIROAKI）

1973年出生于日本神奈川县/1998年毕业于东京理科大学工学院建筑学专业/1998年就职于东京急行电铁

铃木靖（SUZUKI・YASUSHI）

1965年出生于日本静冈县/1990年–2005年就职于大建设计 /2005年成立atelier unison

奥村政树（OKUMURA・MASAKI）

1978年出生于大阪府/2001年毕业于爱知产业大学造型学院建筑学专业/此后在山田雅美建筑事务所跟从山田雅美老师学习/早期任职于早川邦彦建筑研究室，2010年至今就职于atelier unison

■结构设计

稻山正弘（INAYAMA・MASAHIRO）

1958年出生于日本爱知县/1982年毕业于东京大学工学院建筑学专业/1982年–1986年就职于MISAWA/1992年获得东京大学研究生院博士学位/1990年成立稻山建筑设计事务所（现・Holzstr）/2001年–2002年任制作大学建设技能工艺学科副教授/2005年担任东京大学研究生院农学生命科学研究科副教授/现任东京大学研究生院农学生命科学研究科教授

田尾玄秀（TAO・HIROHIDE）

1974年出生于日本爱媛县/2002年毕业于横滨国立大学工学院建筑学专业/2004年–2013年就职于OAK结构设计/2013年成立杉建筑事务所

●向导图登录新建筑在线：
http://bit.ly/sk1711_map

■农产品直销地

所在地：埼玉县秩父郡东秩父村御堂441
主要用途：农产品直销地、餐饮店
所有人：东秩父村

设计

建筑・监管：松本康弘建筑工房
负责人：松本康弘
结构：田中哲也建筑结构策划
负责人：田中哲也
设备：细贝设备设计室
负责人：细贝纯夫

施工

建筑：榎川住建工业
负责人：关口俊雄
空调・电力：关口电设
负责人：关口裕文
给排水：木村设备工业
负责人：佐藤信太郎

规模

用地板积：1919.72 m²
建筑面积：684.61 m²
使用面积：647.50 m²
1层：647.50 m²
建蔽率：35.66%（容许值：无规定）
容积率：33.72%（容许值：无规定）
层数：地上1层

尺寸

最高高度：6989 mm
房檐高度：4160 mm
顶棚高度：卖场：平均5270 mm
主要跨度：8645 mm × 3640 mm

用地条件

地域地区：城市计划区域外
道路宽度：北7.2 m
停车数量：132辆

结构

主体结构：木质结构（原有建造法）
桩・基础：带状地基

设备

空调设备
空调：热泵空调含氟利昂气体
卫生设备
供水：村营自来水管直接供水方式
热水：局部瞬间烧开方式
排水：合并净化槽+3次处理槽（水源净化系统）
电力设备
供电方式：高压供电
设备容量：175 kVA
规定电力：175 kVA
防灾设施
灭火：自动火灾报警器　粉末（ABC）灭火器10种类型
排烟：高处排烟窗（手动式联动）

工期

设计期间：2016年12月–2017年6月
施工期间：2017年6月–10月

外部装饰

顶棚：日铁住金钢板
外壁：共和
开口部分：LIXIL
外部结构：SBIC　间伐木木屑铺路协会

内部装饰

卖场
地板：Ashford Japan
墙壁・顶棚：池田公司
仓库
地板：Ashford Japan
洗手间
地板：Sangetsu
外部店铺
地板：Ashford Japan

利用向导

营业时间：9:00–18:00（4月–9月）
9:00–7:30（10月–3月）
休息时间：星期三
电话：0493–82–0753

■公共汽车总站

所在地：埼玉县秩父郡东秩父村御堂441
主要用途：公共汽车站
所有人：东秩父村

设计

建筑・监管：水谷意匠
负责人：水谷勉
结构：间藤结构设计事务所
负责人：间藤早太
设备：细贝设备设计室
负责人：细贝纯夫

施工

建筑：关根建设、泷泽工务所
负责人：关根正明　泷泽勇
电力：关口电设
负责人：关口裕文

规模

用地面积：1189.67 m²
建筑面积：128.78 m²
使用面积：81.50 m²
1层：36.44 m²
建蔽率：10.82%（容许值：无规定）
容积率：6.85%（容许值：无规定）
层数：地上1层

尺寸

高高度：5310 mm
房檐高度：4910 mm
顶棚高度：候车室：3100 mm–4500 mm

用地条件

地域地区：城市计划区域外
道路宽度：北7.2 m

结构

主体结构：木质结构（原有建造法）
桩・基础：板式基础

设备

电力设备
供电方式：低压供电
防灾设施
消火栓

工期

设计期间：2016年12月–2017年3月
施工期间：2017年4月–10月

外部装饰

外部结构：Ashford Japan

内部装饰

候车室
地板：Ashford Japan
墙壁・顶棚：东秩父产

主要使用器械

照明：ODELIC

利用向导

电话：0493–82–1221(东秩父村办事处)

松本康弘（MATSUMOTO・YASUHIRO）

1971年出生于埼玉县/1995年毕业于早稻田大学理工学院建筑学专业/1997年获得该大学研究生院硕士学位/1997年–2004年担任石山修武研究室助手/2004年成立松本康弘建筑工房/2015年担任东洋大学生活设计学院特聘教师

水谷勉（MIZUTANI・TSUTOMU）

1977年出生于埼玉县/2000年毕业于东京电机大学工学院建筑学专业/2003年毕业于ICS艺术学院/2003年–2009年就职于Life and shelter associates /2013年成立水谷意匠一级建筑师事务所

■结构设计

田中哲也（TANAKA・TETSUYA）

1972年出生于新潟县/1996年毕业于千叶大学工学院建筑学专业/2001年–2012年就职于江尻建筑结构设计事务所/2012年成立田中哲也建筑结构策划

间藤早太（MATOU・HAYATA）

1971年出生于神奈川县/1995年毕业于日本大学理工学院建筑学专业/1995年–2006年就职于金箱结构设计事务所/2006年成立间藤结构设计事务所

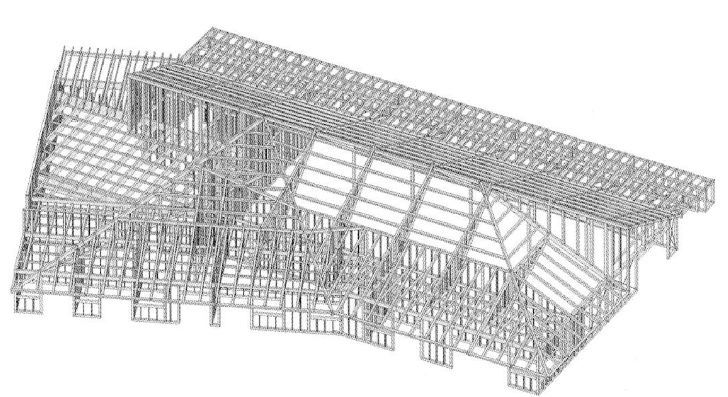

农产品直销地 结构轴测图

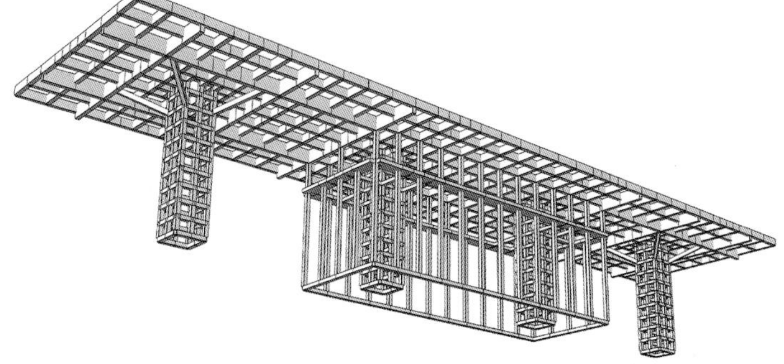

公共汽车总站 结构轴测图

熊本县立熊本辉之森支援学校（项目详见第102页）

●向导图登录新建筑在线：
http://bit.ly/sk1711_map

所在地：熊本县熊本市西区横手5-16-28
主要用途：特别支援学校
所有人：熊本县

设计

日建设计

建筑负责人：川岛克也　近藤彰宏　中岛究　高木研作　山本吉博
结构负责人：田代靖彦　加登美喜子　八田有辉
电气设备负责人：本多敦　松村直　平居由美子
机械设备负责人：高山贞　三浦满雄　奥原顺子
成本管理负责人：岛田太郎　川野博义　小林忠彦　浅山洋次郎　中垣俊雄　村上忍
监理负责人：山田研　隈河耕造　南里速人

太宏设计事务所

建筑・监理负责人：福岛正继　河野丰　中西宗夫

施工

建筑：建吉组・丰建设工业（体育馆・游泳馆楼）
负责人：山田博明　长桥圭吾　槻木淳
武末建设（管理楼）
负责人：佐藤博明　吉里亮一　佐藤克宪
小竹组・富坂建设（特殊用途楼）
负责人：石田太　镰贺大介　白井彰
坂口建设（教学楼A・B　第2出入口）
负责人：山本浩二
曾永组（教学楼C・D）
负责人：小野寿夫・谷口拓也

电气：电盛社（体育馆・游泳池楼）
负责人：中原隆
昭电社（管理楼）　负责人：宫原真琴
中川电设（特殊用途楼）
负责人：安武幸一
相互电工（教学楼A・B）
负责人：桥本忠幸
西邦电气工事（教学楼C・D）
负责人：片山敬久

空调・卫生：上田商会（体育馆・游泳池楼，教学楼C・D）
负责人：田嶋秀和　大崎元大　立石进
肥后熊北综合设备（管理楼）
负责人：寺冈俊朗
广诚设备工业（特殊用途楼）
负责人：上田敏治　真藤智彦
诚工社（教学楼A・B）
负责人：城浩丞

外观（一部）　TAKAMUKI建设　负责人：石阪万久

规模

用地面积：14207.35 m²
建筑面积：6821.42 m²
使用面积：6184.74 m²
1层：6184.74 m²
建蔽率：48.02%（容许值：60%）
容积率：43.54%（容许值：200%）
层数：地上1层

尺寸

最高高度：9380 mm
房檐高度：8390 mm
顶棚高度：教室：2800 mm～5200 mm
主要跨度：教室楼：1820 mm×6370 mm

用地条件

地域地区：第2种中高层住居专用地区　日本《建筑基准法》第22条指定区域
道路宽度：西4.04 m　南7.01 m
停车辆数：63辆

结构

主体结构：木质结构　部分钢筋混凝土结构　部分钢结构
桩・基础：混凝土灌注桩　天然地基

设备

环境保护技术　太阳能发电设备

图片提供：日本新建筑社摄影部

管理楼出入口附近的职员室。木结构桁架打造超大空间

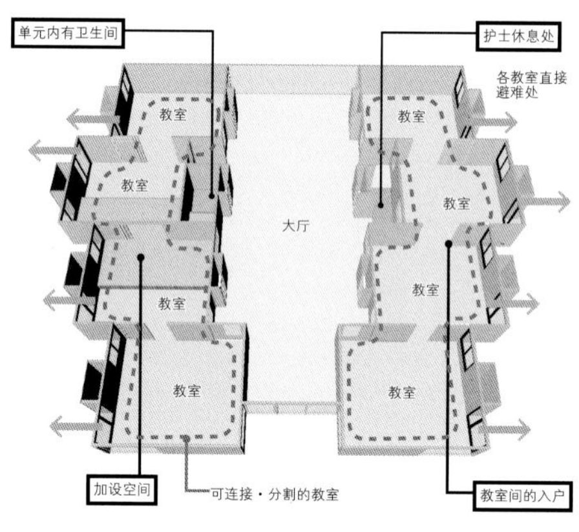

单元型教室分配。教室包围大厅，所有老师都可关注孩子的“单元型”

图片提供：日建设计

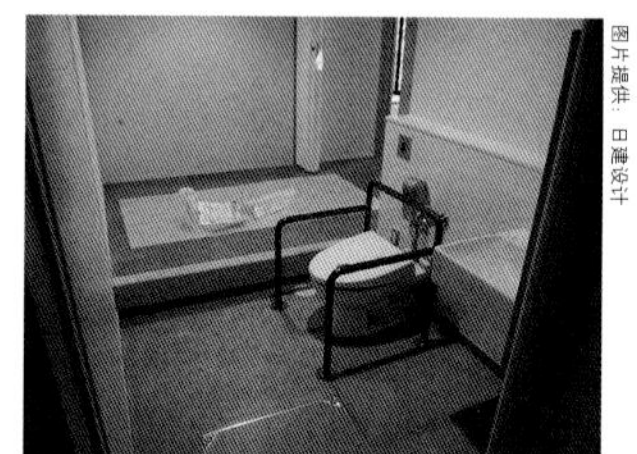

单元内加设多功能卫生间。孩子们可以通过自己的力量去卫生间

妙全院 客殿（项目详见第112页）

●向导图向导图登录新建筑在线：
http://bit.ly/sk1711_map

所在地：东京町田市广袴2-14-13
主要用途：寺院
所有者：宗教法人 妙全院

设计

建筑・设备・监理　原尚建筑设计事务所
负责人：原尚　椎桥全人
结构　多田脩二结构设计事务所
负责人：多田脩二　广幡启祐　深泽大树

施工

建筑：前川建设
负责人：前川政一　加濑泽由香
空调：北村综合设备　负责人：北村豪
电力：音羽电设　负责人：吐师克广

规模

用地面积：610 m²
建筑面积：222 m²
使用面积：215 m²
1层：215 m²
建蔽率：36.4%（容许值：40%）
容积率：35.2%（容许值：80%）
层数：地上1层

尺寸

最高高度：8081 mm
房檐高度：4431 mm
层高：坐禅室：3216 mm
顶棚高度：坐禅室：3216 mm
主要跨度：5460 mm×6370 mm

用地条件

地域地区：第1种低层居住专用地　丘陵景观区域　住宅用地施工管制区域
道路宽度：东5 m　南4.2 m

结构

主体结构：木质结构
桩・地基：钢管地桩+板式基础

设备

环境保护技术
被动式太阳能装置（微风太阳能）
空调设备
空调方式：微风太阳能　加热泵
热源：太阳　电力　城市燃气
卫生设备
供水：自来水管直接供水方式
热水：直接加热方式（燃气）
排水：单独分流方式
电力设备
接电方式：低压线路
设备容量：11 kVA
规定负荷：15 kVA
防灾设备
排烟：自然排烟

工期

设计期间：2014年7月-2016年4月
施工期间：2016年5月-2017年2月

外部装饰

屋顶：日铁住金刚
开口部：YKK 东工卷帘

内部装饰

抄经室・走廊
墙壁：藤原化学
顶棚：planetjapan

主要使用器械

风力太阳能发电机2台

图片提供：原尚

<冬>2017年3月24日　早9:02
室外温度9.8℃
仅太阳能供热，室温17.7℃
冬季的早上（9:02）外部气温为9.8℃，室温接近18℃。白天地面混凝土贮存热量，夜间放热，室内整夜都很温暖

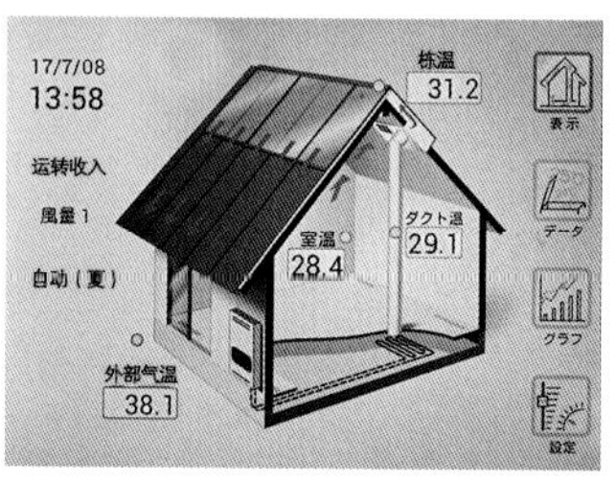

<夏>2017年7月8日　下午13：58
室外温度38.1℃
仅靠屋檐散热室温就能降到28.4℃。
虽然夏季的白天（13:58）室外温度为38.1℃，但是可以通过透气层不断将热空气排出，抑制室内温度升高，室温控制在28.4℃左右。

校际联合会议中心食堂——山百合（项目详见第120页）

工期
设计期间：2012年7月–2013年2月
施工期间：2013年8月–2014年11月
工程费用
建筑：1 322 959 000日元
空调・卫生：394 022 000日元
电力：272 299 000日元
总工费：1 989 280 000日元
外部装饰
屋顶：元旦beauty
开口部分：三协制铝
外部结构：越井木材
内部装饰
教室
地板：东亚软木

川岛克也（KAWASHIMA・KATSUYA）
1957年出生于京都府/1981年京都大学研究生院工学研究科建筑学第二专业毕业后，就职于日建设计/目前，担任董事长、副社长、执行主管、管理设计部门

近藤彰宏（KONDO・AKIHIRO）
1962年出生于东京都/1988年东京理科大学研究生院工学研究科建筑学专业毕业后，就职于日建设计/目前，担任设计部门副理事长兼设计部长

中岛究（NAKASHIMA・KIWAMU）
1964年出生于大阪府/1990年东京都市大学研究生院工学研究科建筑学专业毕业后，就职于日建设计/目前，担任设计部门设计部长

高木研作（TAKAKI・KENSAKU）
1981年出生于福冈县/2006年九州大学研究生院人类环境学府城市共生设计专业毕业后，就职于日建设计/目前，担任设计部门设计部主管

加登美喜子（KATO・MIKIKO）
1970年出生于兵库县/1995年神户大学研究生院工学研究科环境规划学毕业后，就职于日建设计/2009年毕业于京都大学研究生院工学研究科建筑学专业博士课程/目前，担任工程部门结构设计部主管

河野丰（KAWANO・YUTAKA）
1959年出生于熊本县/1982年福冈大学建筑学科毕业后，就职于太宏设计事务所/目前，担任统括部部长

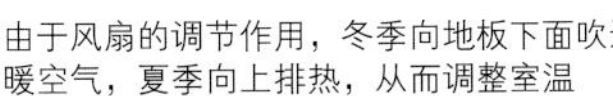
由于风扇的调节作用，冬季向地板下面吹送暖空气，夏季向上排热，从而调整室温

图片提供：日本新建筑社摄影部

原尚（HARA・HISASHI）

1949年出生于神奈川县/1977年毕业于东京艺术大学美术学系建筑专业/1977年–1980年就职于山下设计/1982创立原尚建筑设计事务所

■**结构设计**
多田脩二（TADA・SHUJI）

1969年出生于爱媛县/1995年修完日本大学研究生院理工学研究科建筑专业博士前期课程/1995年–2003年就职于佐佐木睦朗结构策划研究所/2004年创立多田脩二结构设计事务所/2011年担任千叶工业大学创造工学系建筑专业副教授

●向导图登录新建筑在线：
http://bit.ly/sk1711_map

所在地：东京都八王子市下柚木1987–1
主要用途：研修住宿设施
所有人：校际联合会议中心
设计
建筑：七月工房　负责人：岛田幸男
SITE一级建筑师事务所
负责人：齐藤祐子　冈部尚子　林益誉　梶康祥
ATELIER UMI（协助设计）
负责人：盐肋裕
结构：山边结构设计事务所
负责人：山边丰彦 谷口浩
设备：长谷川设备计划
负责人：长谷川博
监理：七月工房
负责人：岛田幸男
SITE一级建筑师事务所
负责人：齐藤祐子　冈部尚子
施工
建筑：相羽建设
负责人：迎川利夫 荻野照明
空调・卫生：JIIKEE工业
负责人：内山晴夫
电力：光彩株式会社
负责人：山口秀司
规模
用地面积：60 358.68 m^2
建筑面积：572.97 m^2
使用面积：572.05 m^2
地下1层：95.07 m^2
1层：476.98 m^2
建蔽率：7.99%（容许值：30%）
容积率：13.98%（容许值：50%）
层数：地下1层　地上1层
尺寸
最高高度：9914 mm
房檐高度：7462 mm
层高：客席：2853 mm
顶棚高度：客席：2400 mm～5040 mm
主要跨度：3460 mm×3460 mm
用地条件
地域地区：市街化调整区域　第1种低层居住专用区域　无防火规定　第1种高度地区
道路宽度：东6 m　北6 m
停车辆数：1辆
结构
主体结构：传统木结构　部分为钢筋混凝土结构　露台部分为钢架结构
桩・基础：直接基础（带状地基　部分为格床基础）
设备
空调设备
空调方式：热泵空调
热源：电力
卫生设备
供水：原有储水槽加压供水方式
热水：瓦斯瞬时加热器（LPG）
排水：公共下水道排水方式
雨水：用地内雨水收集设备
电力设备
供电方式：原有配电器低压供电
设备容量：1ϕ3 W　210/105 V　20 kVA
3ϕ3 W　210 V　75 kVA
防灾设备
消防：灭火器
排烟：自然排烟
其他：紧急报警设备
工期
设计期间：20013年8月–2016年3月
施工期间：2016年3–11月

外部装饰
外墙：OSMO涂装
露台：OSMO涂装
内部装饰
客席
地板：TOLI
天花板：TOLI
吉野石膏
厕所 仓库
地板：TOLI
墙壁：TOLI
天花板：TOLI
小屋：小松wall工业
主要使用器械
厨房设备：fujimak
卫生器具：TOTO
利用向导
校际联合会议中心主页
https://iush.jp/
电话：042–676–8511
“校际联合会议中心・建造不停止”主页
https://www.guruguru-tukuru.com/

岛田幸男（SHIMADA・SACHIO）

1948年出生于京都/1972年毕业于日本大学理工学院建筑系/1972年–1984年就职于U研究室，师从吉阪隆正/1985年与他人共同成立七月工房/现任七月工房董事长

齐藤祐子（SAITOU・YUKO）

1954年出生于琦玉县/1977年毕业于早稻田大学理工学院建筑系/1977年–1981年就职于U研究室，师从吉阪隆正/1984年与他人同成立七月工房/1989年与他人共同成立空间工房101/1993年至今担任前桥市立工业短期大学（现前桥工科大）特级讲师/1995年至今担任早稻田大学艺术学校特级讲师/2000年加入SITE/2008年至今担任武藏野美术大学特级讲师/现为SITE法人代表，同时就职于神乐坂建筑塾事务局与Architekt事务局

■**结构设计**
山边丰彦（YAMABE・TOYOHIKO）

1946年出生于石川县/1969年毕业于政法大学工学院建设工学系/1969年–1978年就职于青木繁研究室/1978年成立山边结构设计事务所/现为山边结构设计事务所董事长

明治神宫 CAFÉ “Mori no Terrace”（项目详见第128页）

●向导图登录新建筑在线：
http://bit.ly/sk1711_map

所在地：东京都涩谷区代代木神园町1-1
主要用途：休息场所
所有人：宗教法人　明治神宫

设计
建筑・监管：Oak Village木质建筑研究所
负责人：上野英二　田中善之

施工
建筑：Oak Village
负责人：井元史朗
梁柱：今福贯之

规模
用地面积：738 760.37 m^2
建筑面积：127.96 m^2
使用面积：107.96 m^2
1层：107.96 m^2
建蔽率：3.34%（容许值：60%）
容积率：4.80%（容许值：200%）
层数：地上1层

尺寸
最高高度：3705 mm
房檐高度：3436 mm
顶棚高度：客厅：2820 mm
主要跨度：1818 mm×6666 mm

用地条件
地域地区：准防火区域　第2种高度地区　第2种风致地区　特别绿化保全地区　第2种文教地区　日影规制
道路宽度：15.45 m

结构
主体结构：木质结构
桩・基础：板式基础

设备
空调设备
空调：独立式
热源：热泵
卫生设备：建造于明治神宫内，利用建筑内设备进行供水和排水
供水：自来水直接供水方式
热水：温水器
排水：直接排放
电气设备：建造于明治神宫内，利用建筑内设备提供电力
防灾设备
灭火：灭火器
排烟：自然排烟

工期
设计期间：2016年5-8月
施工期间：2016年9月-12月

外部装饰
屋顶：SEKINO
固定窗：AGC

内部装饰
地板：Sangetsu Corporation
顶棚：吉野石膏
卫生间地板：LIXIL
卫生间墙壁：爱克工业
卫生间顶棚：吉野石膏

主要使用器械
照明设备：Panasonic DAIKO
ENDO ODELIC
空调设备：Daikin Industries
换气设备：Panasonic　西邦工业
供水排水设备：TOTO　LIXIL

利用向导
开馆时间：9:00-日落（明治神宫闭馆时间）
*根据月份不同会进行调整
电话：03-3379-9222（明治神宫文化馆）

多田善昭新工作室（项目详见第134页）

●向导图登录新建筑在线：
http://bit.ly/sk1711_map

所在地：香川县丸龟市垂水町川原16-48
主要用途：事务所
所有人：多田善昭

设计
建筑・监理：多田善昭建筑设计事务所
负责人：多田善昭　东山步　寺内尚美
结构：山田宪明结构设计事务所
负责人：山田宪明　辛殷美
结构协助：大谷建筑设计事务所
负责人：大谷彰洋
设备：中设备设计事务所　负责人：中冈勤
照明协助：宫地电机
负责人：山本行洋

施工
建筑：富田工务店　负责人：木村飞鸟
空调・卫生：后藤设备工业
负责人：后藤真一郎
瓦斯工程：四国瓦斯燃料
负责人：斋宫康孝
净化槽工程：KUBOTA净化槽公司
负责人：萱原伸二
电力：三和电业
负责人：池田信雄　藤泽久
铸模：松考建设
负责人：武田健一
预切割：大仓预切割公司
负责人：松川胜彦
木工：富田工务店
负责人：长尾俊城　富田展弘
松考建设
负责人：宫田平明　松本充弘
隔热工程：加江工业
负责人：锅岛志行
金属板：森板金工业所
负责人：大前和孝
钢架：多田建设
负责人：多田弘志
钢制门窗隔断・金属器件：日钢SASSYU制作所
负责人：大熊健二
木质门窗隔断：大井建具店
负责人：大井淳一
ARTWOOD松川
负责人：松川浩士
涂装：北村涂装店　负责人：佐立学
内部装修：大协建工　负责人：菊川映治
不二装饰　负责人：宫本义章
石材施工：滨口石材　负责人：滨口戴
家具：Celia公司　负责人：山下泰成
Design工艺国宗　负责人：堀胜
园艺：池下翠松园　负责人：池下义清

规模
用地面积：495.99 m^2
建筑面积：169.73 m^2
使用面积：138.24 m^2
1层：138.24 m^2
标准层：138.24 m^2
建蔽率：34.22%（容许值：70%）
容积率：27.88%（容许值：200%）
层数：地上1层

尺寸
最高高度：6414 mm
房檐高度：3750 mm
顶棚高度：所长室・设计室：2850 mm～4493 mm　会议室：2300 mm　资料室1-2：2370 mm　热水房：2340 mm　更衣室：2400 mm　卫生间：2600 mm
主要跨度：2400 mm×2400 mm

用地条件
地域地区：一般环境保护型区域
道路宽度：西4 m　南5 m
停车辆数：6辆

结构
主体结构：木质结构
桩・基础：格床基础

设备
空调设备
空调方式：热泵空调
热源：电力
地暖方式：高功率温水地暖
热源：瓦斯
卫生设备
供水：自来水管直接供水方式
热水：瓦斯加热器
排水：合并处理净水槽
电力设备
供电方式：低压供电
防灾设备
消防：灭火器・火灾报警器
排烟：自然排烟
其他：紧急报警设备

工期
设计期间：2015年4月-2017年2月
施工期间：2016年9月-2017年2月

外部装饰
屋顶：日新制钢
外墙：日新制钢　日钢SASSYU制作所

内部装饰
玄关
地板：CERAMICA CLEOPATRA JAPAN
墙壁：关西PAINT
会议室
地板：田中制材所
墙壁：关西PAINT
天花板：关西PAINT
所长室・设计室
地板：田中制材所
资料室1・资料室2
地板：TOLI
天花板：关西PAINT
热水房・更衣室
地板：TOLI
天花板：关西PAINT
卫生间
地板：田中制材所
天花板：关西PAINT

主要使用器械
淋浴设备・卫生器具：ToTo
洗脸台：sanwa company
洗手盆・厨房：Celia
吸油烟机：富士工业
煤气灶・瓦斯热水器・地暖：Noritz
空调：DAIKIN
照明器具：山田照明　DAIKO　Luc　DN灯具　松下

翻修自大正末年建造的农房仓库，30多年来作为工作室使用的“多田善昭工作室”

木内家住宅书院翻修 （项目详见第140页）

上野英二（UENO・EIJI）

1959年出生于岐阜县/1983年毕业中爱知工业大学工学部建筑专业/曾就职于建筑设计事务所，1985年入职Oak Village/现任Oak Village董事长、Oak Village木质建筑研究所所长、爱知工业大学工学部建筑学科特聘教师

所在地：千叶县香取市
主要用途：住宅
所有人：木内修

设计

建筑：木内修建筑设计事务所
负责人：木内修　木内真由美
结构・设备・监理：木内修建筑设计事务所
负责人：木内修

施工

建筑：岩濑建筑

规模

用地面积：1172.00 m^2
建筑面积：132.72 m^2
使用面积：128.69 m^2
1层：128.69 m^2
建蔽率：11.32%
容积率：10.98%
层数：地上1层

尺寸

最高高度：6930 mm
房檐高度：4360 mm
顶棚高度：玄关：4360 mm
主要跨度：3394 mm × 1818 mm

用地条件

地域地区：无指定
道路宽度：东4.0 m　西4.5 m　南3.0 m

结构

主体结构：木质结构
桩・基础：直接基础

设备

空调设备

空调方式：室内空调
热源：天然气 电力

卫生设备

供水：直接加压供水方式
排水：生活排水1管方式

工期

设计期间：2013年6–8月
施工期间：2013年9月–2015年6月

工程费用

建筑：15 750 000日元
卫生：1 500 000日元
电力・空调：750 000日元
总工费：18 000 000日元

木内修（KIUCHI・OSAMU）

1947年出生于千叶市/1971年毕业于东京理科大学理工学院建筑系/1971年就职于清水建筑设计总公司/1978年–1980年于伊藤建筑设计事务所进修传统木结构社寺建筑设计技术/1980年–2003年就职于清水建筑设计设计总部/2003年创立木内修建筑设计事务所/2008年至今担任东京大学研究生院特聘教师

PROFILE

多田善昭（TADA・YOSHIAKI）

1950年出生于香川县/1973年毕业于近畿大学理工学院建筑学系/1973年–1983年就职于斋藤孝建建筑设计事务所/1983年创立多田善昭建筑设计事务所/1995年合并设立ZEN环境计划室/2004年–2008年担任善通寺市“旧善通寺偕行社整备研讨委员会”副委员长/2008年–2010年担任香川县近代和风建筑综合调查委员会副委员长/2011年–2013年担任总本山善通寺建筑・环境整备研讨委员会副委员长/2013年至今担任本山寺五重塔整备委员会委员长

■结构设计

山田宪明（YAMADA・NORIAKI）

1973年出生于东京都/1997年毕业于京都大学工学部建筑系/1997年–2012年就职于增田建筑结构事务所/2012年创立山田宪明建筑设计事务所/目前担任早稻田大学特聘教师

宫泽俊辅（MIYAZAWA・SHUNSUKE）

1988年毕业于东京大学农学系林产学科（木质材料科研究室），之后进入农林水产厅/1992年–1995年担任林业厅林产科组长/2003年–2006年担任木材科科长助理/2014年–2015年担任木材利用科木材贸易对策室长/2015年–2016年担任研究指导科科长/2016年8月至今担任木材产业科科长

稻山正弘（INAYAMA・MASAHIRO）

●人物简介见第154页

岩冈孝太郎（IWAOKA・KOUTAROU）

1984年出生于东京都/2006年毕业于千叶大学工学系设计工学科/2006年–2009年就职于建筑设计事务所/2011年获得庆应义塾大学研究生院政策媒体研究科硕士学位，之后进入Loftwork/2012年创立FabCafe（现FabCafe Tokoy）/2015年成立公司“飞驒之森熊跳舞”（简称“Hidakuma”）/2016年创立FabCafe Hida/现任Hidakuma执行委员

川胜真一（KAWAKATSU・SHINICHI）

1983年出生于兵库县/2008年获得京都工艺纤维大学硕士学位/2008年创立RAD/现京都工艺纤维大学研究生院博士后期课程在读，任京都精华大学特聘教师

岩元真明（IWAMOTO・MASAAKI）

1982年出生于东京都/2008年获得东京大学研究生院硕士学位/2008年–2011年就职于难波和彦・界工作舍/2011年–2015年为Vo Trong Nghia建筑事务所合伙人，同时兼任胡志明市事务所指导/2015年与他人共同创立ICADA/2016年至今担任九州大学艺术工学研究院副教授

小原忠（OHARA・TADASHI）

1961年出生于高知县/1985年毕业于高知大学农学系林学科，之后进入高知县厅/现任高知县木材产业振兴科科长

小见山阳介（KOMIYAMA・YOUSUKE）

1982年出生于群马县/2005年毕业于东京大学工学系建筑专业/2005年–2006年留学于慕尼黑工科大学/2007年获得东京大学研究生院硕士学位/2007年–2014年就职于M’ROAD环境造型研究所/2015年至今担任前桥工科大学特聘教师/现任京都大学研究生院建筑专业建筑设计学特聘教师

Christian Schittich

1956年出生于德国/慕尼黑工业大学建筑系毕业后，作为建筑师进行设计活动/1991年–1998年担任《细节》杂志责任编辑/1998年–2006年担任主编

石渡广一（ISHIWATARI・HIROKAZU）

1955年出生于东京都/1979年毕业于东京工业大学建筑专业/1981年获得同大学研究生院硕士学位/1981年进入日本住宅公团/2010年担任UR都市机构本社团地再生部部长/2012年至今担任东日本都市再生本部部长/2014年担任理事/2015年担任理事长代理/2016年担任副理事长/2016年担任东京都市大学研究生院客座教授

干久美子（INUI・KUMIKO）

●人物简介见第152页

高桥坚（TAKAHASHI・KEN）

1969年出生于东京都/1993年毕业于东京理科大学理工学系建筑专业/1995年获得同大学研究生院硕士学位/1996年获得哥伦比亚大学建筑都市修景学系研究生院硕士学位/1997年–2000年就职于青木淳建筑策划事务所/2000年创立高桥建筑设计事务所/现任东京理科大学、京都造型艺术大学、昭和女子大学特聘教师

浅子佳英（ASAKO・YOSHIHIDE）

1972年出生于兵库县/1995年毕业于大阪工业大学工学系建筑专业/2007年创立TAKABAN工作室/2009年–2012年就职于Genron Co., Ltd/现任日本大学特聘教师

新建築
株式會社新建築社，東京
简体中文版© 2018大连理工大学出版社
著作合同登记06-2018第01号

图书在版编目(CIP)数据

建筑的木之美 / 日本株式会社新建筑社编；肖辉等译. —大连：大连理工大学出版社，2018.7
（日本新建筑系列丛书）
ISBN 978-7-5685-1554-2

Ⅰ. ①建… Ⅱ. ①日… ②肖… Ⅲ. ①木结构—建筑设计—世界—图集 Ⅳ. ①TU206

中国版本图书馆CIP数据核字（2018）第135929号

出版发行：大连理工大学出版社
（地址：大连市软件园路80号 邮编：116023）
印　　刷：深圳市福威智印刷有限公司
幅面尺寸：221mm×297mm
出版时间：2018年7月第1版
印刷时间：2018年7月第1次印刷
出 版 人：金英伟
统　　筹：苗慧珠
责任编辑：邱　丰
封面设计：洪　烘
责任校对：寇思雨

ISBN 978-7-5685-1554-2
定　　价：人民币98.00元

电　　话：0411-84708842
传　　真：0411-84701466
邮　　购：0411-84708943
E-mail：architect_japan@dutp.cn
URL：http://dutp.dlut.edu.cn

本书如有印装质量问题，请与我社发行部联系更换。